Führungsaufgabe Interne Kommunikation

Andrea Montua

Führungsaufgabe Interne Kommunikation

Erfolgreich in Unternehmen kommunizieren – im Alltag und in Veränderungsprozessen

2., überarbeitete und erweiterte Auflage

Springer Gabler

Andrea Montua
MontuaPartner Communications GmbH
Hamburg, Deutschland

ISBN 978-3-658-41714-7 ISBN 978-3-658-41715-4 (eBook)
https://doi.org/10.1007/978-3-658-41715-4

Die Deutsche Nationalbibliothek verzeichnet diese Publikation in der Deutschen Nationalbibliografie; detaillierte bibliografische Daten sind im Internet über http://dnb.d-nb.de abrufbar.

Titelbild: Orange Fruit von Francesco Carta fotografo © getty images

Planung/Lektorat: Imke Sander
Springer Gabler ist ein Imprint der eingetragenen Gesellschaft Springer Fachmedien Wiesbaden GmbH und ist ein Teil von Springer Nature.
Die Anschrift der Gesellschaft ist: Abraham-Lincoln-Str. 46, 65189 Wiesbaden, Germany

Das Papier dieses Produkts ist recyclebar.

Vorwort zur ersten Auflage von Sebastian Purps-Pardigol

„Das Wichtigste ist, dass wir mit unseren Mitarbeiter*innen viel darüber sprechen, was wir tun und warum wir es tun", erzählt mir Prof. Gunther Olesch. Der Geschäftsführer des Elektrotechnikherstellers Phoenix Contact kommt gerade von einer Betriebsversammlung, in der er seine 17.000-köpfige Belegschaft über die Strategie der Firma informiert hat – es war nicht das erste Mal. Gunther Olesch ist einer von über 500 Gesprächspartnerinnen und Gesprächspartnern, die ich in den vergangenen zehn Jahren getroffen habe, damit sie ihr Erfahrungswissen mit mir teilen. „Welches sind die Muster, mit denen Veränderungsprozesse in Organisationen gut gelingen?", wollte ich von ihnen erfahren. Viele der gewonnenen Erkenntnisse habe ich auf der Plattform Kulturwandel.org veröffentlicht, die ich gemeinsam mit meinem Freund, dem Neurobiologen Gerald Hüther, betreibe.

Im Laufe der Zeit konnte ich verschiedene Muster erkennen. Die Notwendigkeit einer guten Internen Kommunikation ist eine meiner Erkenntnisse und daher ist es ein gutes Zeichen, dass Sie dieses Buch in der Hand halten.

Zuvor jedoch noch ein wichtiges Argument, das Sie nutzen können, um einige der Entscheidungsträger*innen in Ihrem Umfeld zu überzeugen:

Eine gute Unternehmenskultur führt nicht nur zu verbesserten Beziehungen zwischen den Menschen in diesen Firmen, sie lohnt sich oftmals auch wirtschaftlich. Phoenix Contact hat beispielsweise 80 Jahre gebraucht, um einen Umsatz in Höhe von einer Milliarde Euro zu erreichen. Innerhalb weniger Jahre hat sich dieser auf 2,3 Mrd. erhöht und Gunther Olesch sieht einen wesentlichen Grund dafür darin, dass die Unternehmenskultur die Mitarbeiter*innen deutlich stärker in den Fokus genommen hat als früher. Auch der Safthersteller Eckes-Granini Deutschland erhöhte seinen Umsatz unter dem damaligen Geschäftsführer Heribert Gathof um 70 %. Gathof wurde von seinen Mitarbeitenden für die besondere von ihm etablierte Kultur geschätzt. Die nordische Hotelkette Upstalsboom konnte ihren Umsatz mit ihrer neuen Unternehmenskultur sogar verdoppeln. Und die Hamburger Otto Group initiierte erfolgreich einen Kulturwandel, um aus den roten Zahlen zu kommen.

Zurück zur Kommunikation: Viele der wunderbaren Anstrengungen einer Geschäftsführung für eine gute Kultur verpuffen, wenn die Mitarbeitenden nicht ausreichend informiert werden, warum was geschieht. Das muss nicht immer am fehlenden Willen des Führungsteams liegen, sich mitzuteilen, bisweilen scheitert es an so profan erscheinenden Dingen wie einer falschen Technologie. Konkret erinnere ich mich an den Film eines Geschäftsführers, den dieser extra für seine Mitarbeiter gedreht hatte und in dem er den geplanten Unternehmenswandel beherzt erklärte. Jedoch hatten von den 5000 Mitarbeitenden weniger als 500 einen geschäftlichen Computer mit Lautsprechern: Sie konnten ihn nicht hören. Ein Positivbeispiel hingegen ist der Heizungshersteller Viessmann: Ein großer Teil der Mitarbeitenden hat keinen Schreibtischjob und somit kaum beruflichen Zugang zu einem Computer. Kurzerhand hat das Allendorfer Unternehmen eine mobile App mit dem Namen Vi2Go entwickelt und die Anzahl der Mitarbeitenden, die es nun digital schnell erreichen kann, vervielfacht.

Gerade in der VUCA-Welt, die von Andrea Montua im zweiten Kapitel beschrieben wird, ist das Informiertwerden für Mitarbeitende besonders bedeutsam. Denn in Zeiten der Unsicherheit verknüpfen Menschen häufig die wenigen, ihnen zur Verfügung stehenden Informationen auf eine höchst irrationale Art und Weise. Kopfkino entsteht und der Flurfunk hat Hochkonjunktur. Solche Phänomene sind neurobiologisch messbar. In diesen Phasen springt bei vielen Mitarbeitenden die Amygdala an – das ist der Gefahrenriecher im Kopf von uns Menschen. Eine hochaktive Amygdala sorgt für eine neuronale Übererregung und reduziert den Zugriff auf unseren präfrontalen Kortex, also auf den Teil des Gehirns, in dem unsere höheren geistigen Potenziale verborgen liegen.

Wenn es in einem Unternehmen gerade hoch hergeht, wäre es jedoch günstig, wenn die Mitarbeitenden viel Zugriff auf die in ihnen liegenden Potenziale hätten. Ein Positivbeispiel ist Phoenix Contact: 2009 war das härteste Krisenjahr der Firmengeschichte. Angestoßen durch die Lehman-Brothers-Pleite, erlebte die Bundesrepublik Deutschland damals ihren bisher schlimmsten Wirtschaftscrash. Besonders die Automobilindustrie war betroffen, ein Hauptkundensegment von Phoenix Contact. Die Geschäftsführung des Unternehmens reiste damals regelmäßig durchs Land, stellte sich in Betriebsversammlungen immer wieder den Fragen ihrer Mitarbeitenden und informierte sehr offen: „Wir haben acht Prozent Wachstum geplant, tatsächlich aber liegen wir bei minus sechs." Es wurde noch schlimmer, Mitarbeitende mussten in Kurzarbeit gehen und erhielten weniger Gehalt. Die Geschäftsführung reagierte mit einem Akt der Solidarität. Kurzerhand reduzierten die Chefs ihre eigenen Gehälter um den prozentual gleichen Betrag. „Wir hatten das Gefühl, alle in einem Boot zu sitzen", berichteten mir Mitarbeitende später. All das half, die Menschen in dieser Phase der Unsicherheit innerlich stabil zu halten. Das Ergebnis: Das Jahr 2009 wurde zu einem der innovativsten der Firmengeschichte. Viele der heutigen Cash-Cow-Produkte von Phoenix Contact sind in diesen schwierigen Monaten entwickelt worden.

„Als wir den Wandel begannen, waren es gerade mal fünf Prozent der Kolleg*innen, die sich darauf gefreut haben", berichtete mir Tobias Krüger, Kulturwandel-Chef der Hamburger Otto Group. Ähnliches berichtete Peter Fregelius, Kadermitglied der Swisscom, der in dem schweizerischen Telekommunikationsunternehmen eine neue Form der Zusammenarbeit initiiert hat. Zu Beginn des Wandels sei eine Minderheit in den direkten Widerstand gegangen. Etwa 80 % der Mitarbeitenden jedoch haben in Warteposition verharrt. Ein Chef, der seine Mitarbeitenden für den Wandel gewinnen will, muss diese schweigende Mehrheit erreichen.

Neurobiologisch betrachtet ist das Verharren verständlich: Unser Gehirn arbeitet energieeffizient und nutzt daher nach Möglichkeit bestehende neuronale Netzwerke. Der Aufbau neuer synaptischer Verknüpfungen, die wir benötigen, um neue Verhaltensweisen und Fähigkeiten zu entwickeln, benötigt jedoch zusätzliche Energie. Und um diese Energie freizusetzen, ist es hilfreich, die emotionalen Zentren im Mittelhirn der Mitarbeitenden anzusprechen.

Jetzt kommen Sie ins Spiel, liebe Leserin und lieber Leser: Sie sind die Protagonisten, denen es gelingen muss, diese Menschen durch berührende Inhalte und den passenden Rhythmus zu erreichen. Denn bei der Kommunikation verhält es sich wie mit dem Zähneputzen: Es lohnt sich, es regelmäßig zu tun.

Um Menschen (nicht nur) in einer Organisation zu bewegen, müssen Sie ihre Herzen erreichen. Vielleicht klingt Ihnen das zu weich, dann hier noch mal die neurobiologische Erklärung: Wenn in unserem Gehirn die emotionalen Zentren aktiviert werden, schütten diese neuroplastische Botenstoffe aus. Diese sorgen dafür, dass neue synaptische Verknüpfungen entstehen … und Menschen auf neue Gedanken kommen, neue Verhaltensweisen und neue Fähigkeiten hinzugewinnen.

Was es an Handwerkszeug und Haltung noch Wichtiges zu beachten gilt, damit Sie in Ihrer Rolle besonders wirksam werden, das erklärt Ihnen Andrea Montua nun in den folgenden Kapiteln.

Sebastian Purps-Pardigol
Autor von u. a. „Führen mit Hirn“
und „Digitalisieren mit Hirn“

Vorwort von Thomas Voigt: Freiraum schaffen, auf Augenhöhe kommunizieren, Kontrollverlust lustvoll leben

Die Hamburger Otto Group gilt als „Transformationsweltmeister". Den Begriff hat sich ein Journalist ausgedacht. Und als ein anderer den Vorstandsvorsitzenden der Otto Group fragte, welche Ingredienzien für einen erfolgreichen Kulturwandel nötig sind, antwortete Alexander Birken, es seien derer drei: 1. Kommunikation, 2. Kommunikation und 3. Kommunikation.

Damit sei aus prominentem Mund die Hauptthese dieses Buches bestätigt, nämlich dass Interne Kommunikation eine Führungsaufgabe ist. Mehr noch, Interne Kommunikation ist womöglich DIE wesentliche Aufgabe moderner Führung. Die Kultur einer Organisation definiert sich schließlich über die Qualität von Beziehungen. Diese Beziehungsqualität definiert sich bei genauem Hinsehen über die Qualität der Kommunikation. Betrachtet man das Management eines Unternehmens als eine Integrationsleistung teils disparater Interessen ihrer Mitglieder, um gemeinschaftliches Handeln zu ermöglichen, dann ist dieses Managementhandeln weitgehend kommunikativer Art.

Sie und du, liebe Leserin, lieber Leser und liebe Leseleute, haben das wahrscheinlich erkannt, sonst hätten Sie dieses schlaue und praxisnahe Werk von Andrea Montua nicht in die Hand genommen. Alles, was in diesem Buch steht, stimmt. Das kann ich aus rund 40-jähriger Kommunikationspraxis bestätigen. Aber viel wichtiger noch: Die Kommunikation, gerade die Interne, wird rasant wichtiger.

Was Andrea Montua im zweiten Kapitel unter der schönen Headline „New Work in der VUCA-Welt" zum Ausdruck bringt, ist zu einer der größten Herausforderungen der Wirtschaftswelt geworden. Pandemien, geopolitische Krisen, der Klimawandel, Vergreisung der Gesellschafft, globale Abhängigkeiten, galoppierende Inflation und die Krise des Kapitalismus: Nur eines dieser Themen kann Unternehmer*innen und Manager*innen schon schlaflose Nächte bereiten – alles zusammen verändert gerade alles.

VUCA ist da. Es verändert unseren Blick auf eine als friedlich wahrgenommene Welt, auf die Zukunft unserer natürlichen Ressourcen, auf unser demokratisches Gemeinwesen, auf unsere Wirtschaftsordnung und die Rolle der Unternehmer*innen und Organisationen darin. Und mittendrin stehen die Mitarbeitenden und wissen nicht (mehr), wofür ihre Unternehmen stehen, womit sie in Zukunft Geld verdienen sollen und wie sie vor lauter und schneller Anpassung an den digital definierten Wandel und in einer hybriden Arbeitswelt noch Sinn und Spaß an der Arbeit haben sollen. Die Folge: stille Kündigung und rasender Stillstand.

Aber der Reihe nach. Eine, wenn nicht die wesentliche Aufgabe von Unternehmensführung liegt heute darin, die raschen Veränderungen in der digitalen Wettbewerbsarena in den Blick zu nehmen und radikal nach der künftigen Existenzberechtigung für ein Unternehmen zu fragen. Sie würdigt die Vielfalt der Mitarbeitenden und mögliche gelebte traditionelle Werte, die es mit Blick in die Zukunft neu zu beleben gilt. Sie benennt den Veränderungsbedarf des Topmanagements als Erstes und schonungslos. Und sie erweitert den Freiraum für Verhaltensänderung und Selbstbestimmung der Kolleginnen und Kollegen fundamental. Sie definiert die Rolle von partizipativer Kommunikation auf Augenhöhe innerhalb des Unternehmens und weit darüber hinaus neu. Und sie braucht wie alle Beteiligten die Kraft, um das Ungefähre, das in diesem Prozess eines lustvollen Kontrollverlusts unweigerlich verankert ist, auch eine lange Zeit auszuhalten.

Die Änderung von Haltung, Verhalten und den Beziehungen zu Kolleginnen und Kollegen ist das Schwerste, was einer Organisation abverlangt werden kann. Denn es setzt die Fähigkeit voraus, das bisherige Verhalten und damit sich selbst infrage zu stellen, zuweilen radikal. Gerade bei familiengeführten oder familiendominierten Gesellschaften mit ihrem auf persönliche Kontinuität bedachten Management stellt dies eine besondere Herausforderung dar.

Als die Otto Group vor nunmehr sieben Jahren einen Prozess des „Kulturwandels 4.0" begann, haben die Gesellschafter und der Vorstand selbst den Anfang gemacht. Der langjährige Vorstandsvorsitzende und heutige Aufsichtsratsvorsitzende Prof. Dr. Michael Otto wies in einem Town Hall vor über 30.000 zumeist digital zugeschalteten Mitarbeitenden für einen grundlegenden Wandel der Unternehmenskultur vorbildlich den Weg zu Selbstreflexion und Selbstkritik.

Auch die Vorstände der Gruppe machten von Beginn des Prozesses an deutlich, dass man einen Kulturwandel nicht verordnen, sondern nur vorleben kann. Sie sprachen sehr offen und öffentlich von der Notwendigkeit, die Zusammenarbeit untereinander zu verbessern, etwaiges Silodenken über ihre eigenen Bereiche hinweg aufzubrechen und diesen Prozess mit unmittelbarer Kommunikation permanent transparent zu machen. Kurz: Sie versprachen, sich selbst sichtbar zu verändern.

Wer Kolleginnen und Kollegen Neugierde, gar Lust machen möchte zu Aufbruch, Selbstwirksamkeit und eigener Veränderung, muss dem Top-down- einen Bottom-up-Prozess entgegenstellen. Er muss die Kolleginnen und Kollegen über alle Firmen-, Hierarchie- und Bereichsgrenzen hinweg direkt erreichen und ermuntern wollen. Aus diesem Grunde wurde in der Otto Group der Prozess des Kulturwandels 4.0 nicht über die Konzerngesellschaften und Führungskräfte nach unten kaskadiert, sondern alle Kolleginnen und Kollegen wurden von Beginn an aufgefordert, sich aktiv in den Prozess einzubringen. Ganz nach dem Motto: „Du bist der Kulturwandel."

Im Kern geht es in einer Netzwerkökonomie um die Erkenntnis, dass die Entfaltungskraft des einzelnen Mitglieds eines Unternehmens durch ihren Vernetzungs- und Aktivierungsgrad definiert ist. Insbesondere die Kolleginnen und Kollegen der Generation Y und Z haben einen hohen

Mitbestimmungs- und Gestaltungsanspruch und setzen partizipative Prozesse voraus.

Das verträgt sich nicht mit starren Hierarchien, ausgeprägtem Silodenken, langen Entscheidungswegen und einem Selbstverständnis von Führungskräften, das dem „Idioten-Impuls“ folgt, wie es ein früherer Topmanager unseres Konzerns einmal formulierte: „Dass Vorgesetzte beim Zuhören schon zu wissen glauben, dass sie es eigentlich besser wissen.“

Deshalb muss der Internen Kommunikation der Zukunft eine Haltungsänderung vorausgehen. Wer als Führungskraft versteht, Mitarbeitende als die eigentlich Wissenden, ihre Vielfalt als das eigentlich Wertschöpfende und ihr Vertrauen als das eigentlich Wertvolle eines Unternehmens anzusehen, erst der kann „auf Augenhöhe“ kommunizieren.

Informations- und Kommunikationsgewohnheiten haben sich durch den Einfluss von Social Media gewandelt. Auch dies ein großes Thema dieses Buches. Dialog, Partizipation und das Teilen von Inhalten stehen im Mittelpunkt. Mitarbeiter wollen und sollen sich auch intern einbringen und den Dialog mitgestalten. Die Rolle des internen Kommunikationsmanagements wandelt sich entsprechend. Es geht nur noch selten darum, vorhandene Informationen und Wissensbestände im Unternehmen angemessen zu verteilen, vielmehr stehen die Leistungsfähigkeit formaler und informeller Kommunikationsnetze, die Qualität der Inhalte sowie die Austauschprozesse im Vordergrund. Es geht nicht mehr nur darum, „zu“ den Kolleginnen und Kollegen zu sprechen, sondern „mit“ ihnen, wie die Kommunikationsprofessorin Claudia Mast einmal treffend formulierte.

Im Hinblick auf Vertrauen, Glaubwürdigkeit und Nähe, aber auch in Bezug auf die Einflussnahme wird der persönlichen Kommunikation der Führungskräfte große Relevanz zugeschrieben. Dies gilt insbesondere in Zeiten größerer Veränderungen. Neben der Regelkommunikation kommen daher Veranstaltungen in kleineren Runden bis hin zu Town Halls steigende Bedeutung zu. Vor allem aber müssen Führungskräfte Vorbild für die im Unternehmen angestrebten Austauschprozesse sein. Wenn es das Ziel ist, den Austausch zum Beispiel über Intranets zu fördern, müssen Vorstände die Ersten sein, die sich in Frequenz und Qualität daran aktiv beteiligen.

Die Arbeitswelt ist hybrid geworden und findet nicht mehr nur in vier Wänden eines Büros statt. Interne Kommunikationsangebote müssen sich optimal in die Lebenswelt der Mitarbeiter*innen einfügen. Interne Kommunikation muss mobil und flexibel sein. Die mit den mobilen Devices verbundene Kommunikationssemantik wird auch hier zum Leitstern. Scroll statt linear, Bild statt Text, Video statt Bild usw. Nicht zu vergessen: Blue Collar Worker müssen erreicht werden. Und sie sträuben sich, berufliche Inhalte auf ihren Devices zuzulassen.

Eine spannende und zunächst widersprüchliche Erkenntnis der digitalen Transformation ist, dass mit der digital vermittelten Kommunikation der Bedarf an persönlichem Austausch in gleichem Maße zu wachsen scheint. Das gilt für die digitale Welt ebenso wie für die Welt in den Unternehmen. Deshalb besteht die große Aufgabe in einer hybriden Arbeitswelt darin, die Bindung an das Unternehmen aufrechtzuerhalten, ohne die Wünsche nach Freiheit und Selbstbestimmtheit der Mitarbeitenden zu begrenzen.

Die skizzierten Veränderungen im Management, in den Prozessen und in der internen Kommunikationslandschaft wandeln nicht nur die Ziele, Konzepte und Maßnahmen der Internen Kommunikation, sondern transformieren das Selbstverständnis der Kommunikatoren selbst.

Wissen-ist-Macht-Gehabe, Selbstreferenzialität und One-Voice-Policies gehören, wo sie denn noch gelebt wurden, der Vergangenheit an. Die von mir vor vielen Jahren formulierte These, den Kontrollverlust müsse man als Führungskraft nicht erleiden, sondern könne man auch lustvoll gestalten, gewinnt sehr praktische Relevanz.

Das gilt auch für die Kommunikationsexpert*innen in den Organisationen. Sie übernehmen neben strategischen Aufgaben die Rolle der Moderation, des Partners oder der Partnerin und sorgen für Befähigung. Kommunikationsplattformen aufzubauen und zu pflegen, Themen zu initiieren, neue Offline-Kommunikationsformate zu entwickeln und Dialoge zu moderieren, das ist die eine Aufgabe. Für das Management eine gute Beratung, Partner*in und Motivator*in zu sein, die zweite. Und alle Kolleginnen und Kollegen zu befähigen und/oder zu ermuntern, sich aktiv an den Kommunikationsprozessen zu beteiligen, die dritte Rolle.

Diese Rollen zu bewältigen ist nur möglich, wenn man für eine hohe Fachkompetenz steht und damit gefragt ist. Ebenso wichtig ist es, sich auch als Kommunikationsexperte in Demut zu üben. Nur im Verbund mit anderen Fachabteilungen wie IT, Knowledge-Management, Personal, Unternehmens- und Kulturentwicklung wird man optimale Ergebnisse erzielen können.

Meine Erfahrung und die meiner Kolleginnen und Kollegen in den letzten Jahren ist, dass es uns als Kommunikationsexpertinnen und -experten gefragter und geschätzter hat werden lassen. Und dies ist möglicherweise eine generelle Feststellung wert: Die Kommunikationsexpert*innen für Interne Kommunikation werden einen Bedeutungszuwachs erfahren, wenn sie kompetent und vernetzt Vertrauen und Glaubwürdigkeit schaffen. Das Lesen dieses Buches vermag gewiss dabei zu helfen.

Thomas Voigt
Group Vice President Corporate Communications, Otto Group

Vorwort der Autorin

Wer hätte das gedacht: Die erste Auflage von „Führungsaufgabe Interne Kommunikation“ war kaum gedruckt und schon wurde die Welt im Jahr 2020 praktisch über Nacht eine andere. Der zwischenmenschliche Kontakt verlagerte sich auf eine streng digitale oder von Masken sichteingeschränkte Ebene. Die persönlichen Kommunikationswege waren fürs Erste versperrt. Austausch musste digital erfolgen, auf neue Art und Weise, mit neuen Systemen, neuen Ritualen und neuen Regeln. Die Sicht auf meine Kolleg*innen, auf ihr Befinden, ihre Sorgen, Bedenken und Themen erfolgte überwiegend im Verhältnis 16:9.

In dieser menschlich und geschäftlich unwirtlichen Zeit lief die Interne Kommunikation (IK) in vielen Unternehmen zur Höchstform auf – mit und ohne Kamera und mit mehr oder weniger Verbindungsproblemen. Mit der Pandemie als Antreiber konnte die IK ihre wahren Stärken ausspielen und Zeichen setzen. All das in einer Geschwindigkeit, mit der kaum jemand von uns gerechnet hatte und auf die wir nach den ersten Tagen der Fassungslosigkeit auch nicht zu hoffen gewagt hätten.

Für Unternehmen und Mitarbeitende erweist sich diese Entwicklung der Kommunikation in den Organisationen bis heute als Glücksfall –

auch wenn sie ihren Ursprung in einer manifesten Krise nahm. Unternehmen haben in Hochgeschwindigkeit begonnen, genau auf ihre Mitarbeitenden zu schauen, und die allermeisten von ihnen sind ihrer Fürsorgepflicht wirklich gut nachgekommen. Eine enorme Weiterentwicklung fand statt. CEOs, Manager und Mitarbeitende lernten, mit ihren Gedanken und Gefühlen nicht bei sich allein zu bleiben. Sie lernten, dass Entwicklung gemeinsam besser geht, dass Krisen zusammenschweißen und dass das Wirgefühl viele Facetten hat. Und wie wir alle lernten auch sie, dieses Gefühl zu sehen und zu fördern.

Diese vielen Erkenntnisse und Erfahrungen werden uns auch weiterhin begleiten. Denn während die Corona-Pandemie langsam abebbte, schlichen sich die nächsten Krisen durch die Hintertür. Wer also bis dato das Gefühl hatte, ein „back to normal“ wäre möglich, wurde enttäuscht. Es ist ein „New Normal“ geworden.

Der neue Normalzustand, in und mit dem wir alle leben und arbeiten, ist in ständiger Bewegung und die Richtung bestimmen – zumindest auf den ersten Blick – nicht wir. Geopolitische Interessen wirken sich auf Branchen und Märkte aus, Lieferketten verändern sich, Rohstoffe aller Art werden knapper. Ziel der Kommunikation in dieser neuen Arbeitswelt darf und muss es sein, mit möglichst geringen Ressourcen eine möglichst große Wirkung zu erzielen.

Die gute Nachricht: Wir dürfen jeden Tag neu festlegen, wie wir arbeiten möchten. Aber wie soll es sein?

Eine zentrale Rolle, heute und in Zukunft, werden die Grundbedürfnisse der Menschen spielen. Das gilt für die Führungskräfte, die IK und die Mitarbeitenden gleichermaßen. Ist Sicherheit nicht im gewünschten Maß vorhanden, müssen wir sie herstellen. Etwa, indem wir die Organisation als verlässlichen Partner in unzuverlässigen Zeiten aufstellen, indem wir verantwortungsbewusst agieren, kurzum: indem wir den Mitarbeitenden ein guter, verlässlicher Partner sind.

Was heißt das für uns? Jede Entscheidung, die wir treffen, wird von unseren Emotionen beeinflusst – auch wenn wir in der Regel behaupten, rationale Entscheidungen zu treffen.

Sind wir persönlich betroffen von Ereignissen und spüren wir das deutlich, dann sinkt unser IQ.[1]

Wenn wir ängstlich oder gestresst sind, fällt es uns schwerer zu denken, abzuwägen und zu reflektieren.

Ureigenste Aufgabe der IK wird es daher sein, im Rahmen der Unternehmenskultur für Mitarbeitende und Management ein sicheres, transparentes und wertschätzendes Umfeld zu kreieren, in dem positive Emotionen Raum finden. Nur so kann ein „Wir" wirklich entstehen. Und das, liebe Leserin und lieber Leser, es ist, was für uns alle in unserer täglichen Arbeit den größten Wert hat und uns auch an einem Montagmorgen gern aufstehen und ins (Home-)Office gehen lässt.

Ich habe mich ehrlich gefreut, dass der Verlag Springer Gabler mit der Bitte um eine Überarbeitung des Buches für eine zweite Auflage auf mich zukam. Ein Zeichen dafür, dass die Relevanz des scheinbar „weichen" Themas Interne Kommunikation für die Organisationen und Führungskräfte in den zurückliegenden Monaten eher noch gestiegen ist.

Mindestens ebenso groß war die Freude, als Thomas Vogt meiner Bitte um ein zweites Vorwort für diese Neuauflage nachkam. Für mich ist er seit vielen Jahren Vorbild und Inspiration gleichermaßen. Nicht nur, weil er OTTO zu einem Vorreiter für Interne und Führungskräftekommunikation hat werden lassen, sondern vor allem, weil er selbst all das, wovon er spricht, in meiner Wahrnehmung auch in bewundernswerter Weise vorlebt. So scheut er sich nicht, immer wieder mutig neue Wege zu gehen, Altbekanntes zu hinterfragen und auch mal für Disruption zu sorgen. Vielleicht haben Sie gelegentlich die Möglichkeit, einen seiner Vorträge zu hören? Ich kann sie Ihnen nur empfehlen. In der Zeit, in der wir uns pandemiebedingt nicht auf Tagungen treffen konnten, haben wir uns auf Spaziergänge um die Alster verlegt. Auch diese waren für mich eine große Bereicherung.

Ich lade Sie herzlich ein, mit mir über die Themen dieses Buches und auch über ihr Zusammenspiel in den Austausch zu gehen: von der Notwendigkeit eines strategischen Vorgehens bei der Optimierung der

---

[1] Kenneth T. Kishida, Dongni Yang, Karen Hunter Quartz, Steven R. Quartz und P. Read Montague (2012). Implicit signals in small group settings and their impact on the expression of cognitive capacity and associated brain responses. In: Philosophical Transactions of the Royal Society B, Band 367, S. 704–716.).

IK über die Relevanz der Unternehmenskultur, das spannende Feld der menschlichen Grundbedürfnisse, die uns auch im kommunikativen Alltag leiten, bis hin zu den aktuellen gesellschaftlichen Trends, die uns und unser Miteinander prägen. Ich freue mich darauf, mehr über Ihre Sichtweisen zu erfahren. Vernetzen Sie sich gern mit mir auf LinkedIn.

Und bitte lassen Sie sich von mir ermuntern, Ihre Unternehmenskultur fest im Blick zu behalten sowie Ihre Rolle in der Organisation immer wieder zu hinterfragen und mutig auf die neuen Entwicklungen zu schauen. Nutzen Sie unsere Praxistipps, um zu prüfen, an welcher Stelle Handlungsbedarf besteht und was vielleicht noch professionalisiert werden kann. Auf den vor Ihnen liegenden Seiten schöpfen wir aus rund 20 Jahren Erfahrung in Interner Kommunikation, Organisationsentwicklung und vielen Change-Prozessen. Insgesamt durften wir einige Hundert Unternehmen aus Healthcare, Automotive, Immobilienwirtschaft und vielen anderen Branchen kommunikativ begleiten. Sie alle mussten sich, unabhängig von ihrer Branche, ähnlichen Herausforderungen stellen.

Bis wir hoffentlich voneinander lesen, wünsche ich Ihnen eine kurzweilige Lektüre und vielleicht den einen oder anderen Aha-Moment.

Herzliche Grüße
Andrea Montua

Auf einen Tee

Andrea Montua auf LinkedIn

Danksagung I

Ein Buch entsteht nie ganz allein – auch dieses hier nicht. In sich trägt es vieles aus meinem Berufsleben, aus konstruktiven Gesprächen, spannenden Interviews und interessanten Workshops. Auch die Einflüsse meiner Familie schwingen mit. Sie hat mich bei all meinen Vorhaben bedingungslos unterstützt und mir einiges an kommunikativem Rüstzeug mitgegeben.

Einige Menschen haben ganz aktiv an der Aktualisierung des Buches mitgewirkt. Ihnen möchte ich herzlich danken:

- Meinen Kolleginnen und Kollegen bei MontuaPartner, insbesondere Christiane Capps, Marlisa Christ, Maria Gartz, Jasmin Drogi und Veronika Zimmer für ihre wertvollen inhaltlichen Impulse und ihr konstruktives Feedback.
- Thomas Voigt für sein wunderbares Vorwort zu dieser zweiten Auflage. Unser Austausch, die gemeinsamen Vortragsvorbereitungen und so mancher Spaziergang während der Corona-Zeit waren und sind mir Lernquelle und Inspiration zugleich.

- Sebastian Purps-Pardigol für das Vorwort zur ersten Auflage, das auch für diese zweite Auflage nach wie vor passend ist – zu kaum einer anderen Zeit war das Thema Unternehmenskultur relevanter als heute. Danke, Sebastian, dass ich von dir viel lernen durfte zu den Themen Hirnforschung und Führung.
- Meinen Kundinnen und Kunden und meinen Interviewpartner*innen von „Auf einen Tee mit“. Ohne die Praxiserfahrungen aus mehr als 20 Jahren wäre das, was nun hier vor uns liegt, nicht möglich gewesen.

Keinen aktiven, aber einen sehr spürbaren Einfluss auf dieses Buch hat auch meine Familie. Als Schriftsteller und Deutschlehrerin haben meine Eltern mir die Affinität zu Sprache und Kommunikation mit in die Wiege gelegt. Nicht zuletzt durch sie erschloss sich mir das Lernfeld, dass authentische (Interne) Kommunikation tatsächlich der Schlüssel zu zwischenmenschlicher Verbindung, Vertrauen und Liebe ist.

Und meine geliebte Tochter Anna Isabella musste in einer für sie wichtigen Zeit auf viele gemeinsame Stunden mit mir verzichten, weil ich an diesem Buch schrieb. Ihr Verständnis und ihre Geduld lehren mich viel – vor allem, dass Kommunikation und Schnelligkeit nicht die Antwort auf alles sind.

Hamburg
im Frühjahr 2024

Andrea Montua

Danksagung II

Ein besonders herzlicher Dank geht an dieser Stelle an meine Kollegin Christiane Capps, die mich in ganz besonderem Maße beim Schreiben und Redigieren dieser zweiten Auflage unterstützt hat. Ohne ihre Hilfe hätte ich dem Wunsch des Verlages nach einer Überarbeitung der Inhalte nicht nachkommen können.

Inhaltsverzeichnis

Über die Autorin

Andrea Montua ist Inhaberin von MontuaPartner Communications (www.montua-partner.de), einer Beratungsagentur für Transformationsprozesse und Interne Kommunikation im DACH-Raum. Seit 2004 berät und begleitet sie mit ihrem Team Konzerne, mittelständische (Familien-)Unternehmen und Behörden in Phasen der Veränderung sowie beim Aufbau, der Optimierung und der Professionalisierung ihrer Internen Kommunikation. Sie ist studierte Diplom-Kauffrau, Führungskräftetrainerin und seit mehr als 20 Jahren überzeugte Kommunikatorin. In ihrem Podcast „Auf einen Tee" geht sie mit Expert*innen unterschiedlicher Fachbereiche ins Gespräch, um relevante Themen aus dem Arbeitsalltag von Personal- und Kommunikationsverantwortlichen und Führungskräften zu beleuchten.

1
Die geheime Zutat des Unternehmenserfolgs

„Wir sind zutiefst soziale Wesen und brauchen die verlässliche Gemeinschaft mit anderen, um die in uns angelegten Potenziale entfalten zu können", schreibt der Neurobiologe Prof. em. Gerald Hüther. Empfinden Sie das auch so? Wir alle brauchen menschlichen Kontakt: Das Gefühl, von Anderen wahrgenommen und verstanden zu werden. Unabhängig von Alter und Geschlecht und egal, ob in unserer Familie, im Freundes- oder Kollegenkreis. Akzeptanz, Wertschätzung und das Gefühl, ein Teil von etwas Größerem zu sein, sind tiefliegende Bedürfnisse und mächtige Motivatoren für jeden von uns und in Zeiten gesellschaftlicher und wirtschaftlicher Herausforderungen ist der Wunsch nach Bindung und Identifikation besonders stark. In Unternehmen steigen daher die Anforderungen an die Interne Kommunikation, bei der alle wichtigen Fäden zusammenlaufen.

Was verbinden Sie mit dem Begriff Interne Kommunikation? Das Intranet und die Mitarbeiter-App? Das Town-Hall-Meeting? Die Neujahrsansprache des CEO und die vorangegangenen Führungskräfte-Briefings? Alles gekauft – und doch sind das alles ja „nur" die Tools und Maßnahmen. Wir möchten gemeinsam mit Ihnen Interne Kommunikation größer denken: Sie ist das wichtigste Werkzeug für Unternehmen

A. Montua, *Führungsaufgabe Interne Kommunikation*,
https://doi.org/10.1007/978-3-658-41715-4_1

auf dem Weg zu mehr Bindung und Identifikation. Sie ist das Vehikel zum Transport Ihrer Unternehmensstrategie und Ihrer Kultur in die Köpfe und Herzen Ihrer Mitarbeitenden. Der Weg für Führungskräfte und HR in ihre Wirksamkeit. Gute interne Kommunikation realisiert Veränderungen, hält Ihr Team zusammen und macht Ihr Unternehmen zu einem Ort der Potenzialentfaltung.

Mit den vielen neuen Herausforderungen in Zeiten von New Work und der enorm hohen Geschwindigkeit, in der Unternehmen Transformationsprozesse auf vielen unterschiedlichen Ebenen bewältigen müssen, ist die Interne Kommunikation gefragt und gefordert wie nie zuvor, ist sie ausschlaggebend für den Erfolg oder Misserfolg von Projekten und auch der gesamten Organisation.

Studien zufolge scheitert beispielsweise ein Großteil der Alltags- und Veränderungsprojekte, weil die Interne Kommunikation nicht ausreicht, um Mitarbeitende mitzunehmen, sie adäquat zu informieren, zu befähigen und nicht zuletzt auch für das Neue zu begeistern. Die Folge: Ein wirtschaftlicher und imagewirksamer Schaden für die Unternehmen aller Branchen und Größenordnungen. Die IK ist für sich betrachtet ein Werttreiber, dessen Kennzahlen denen der Finanzabteilungen ebenbürtig sind.

Ein Beispiel aus der Praxis

„Geht doch!" Stefanie N. kommt mit einem strahlenden Lächeln aus der Vorstandssitzung – zum ersten Mal seit Monaten. Als Vorstandsassistentin eines Unternehmens der Lebensmittelindustrie hat sie ein Gespür für die Stimmungslage in der Firma. Die war in den letzten Wochen deutlich besser geworden – das war sogar den kritischen Kolleginnen und Kollegen aufgefallen. Diese Veränderung war dringend nötig. Nicht umsonst hatte Stefanie auf die Einstellung eines Kollegen für die Interne Kommunikation gedrängt.

Es hatte ihr große Sorge bereitet, wie sich das Unternehmen entwickelte:

- *Die letzte Befragung der Mitarbeitenden war vor einem halben Jahr und hatte deutlich verschlechterte Werte beim Engagement und dem Blick auf die Zusammenarbeit und Kommunikation ergeben.*
- *Die Stimmung bei Führungskräften und Mitarbeitenden hatte sich eingetrübt.*

- *Lauter wurde der Ruf nach authentischen, ehrlichen Informationen. Ohne Schönfärberei. Ohne Hochglanz-Interviews mit der Geschäftsführung.*

*Diese hatte die Entwicklung lange darauf geschoben, dass die Führungskräfte „noch nicht in der neuen Welt angekommen seien". Die hybride Führung einiger Teams würde nicht gut funktionieren und auch ihrer Rolle als Kommunikator*innen kämen sie nicht optimal nach.*

„Das ist aber nicht allein Aufgabe der Führungskräfte", hatte Stefanie immer wieder entgegnet. „Auch die Kollegen müssen befähigt werden, über veränderte Bedingungen und den angeschobenen Veränderungsprozess angemessen zu kommunizieren. Der Vorstand hingegen solle die Unternehmensvision neu formulieren und die Strategie finalisieren.

Und dann – endlich: Das letzte ungute Stimmungsbild hatte die Geschäftsführung zum „Go!" für eine Stelle „Interne Kommunikation & Change" bewogen.

Stefanie war sich sicher, dass sich mit diesem Schritt vieles zum Positiven verändern würde. Dass aber schon wenige Wochen nach den ersten strukturierten Informationen und Gesprächen zwischen der neuen IK-Unterstützung und den Führungskräften so schnell positive Veränderungen sichtbar werden würden – damit hätte sie nicht gerechnet. Ganz offenbar war der Bedarf noch größer gewesen als gedacht …

Bei MontuaPartner sehen wir die Interne Kommunikation als die geheime Zutat des Unternehmenserfolgs. Über sie kann das Wesen der Organisation fühl- und sichtbar werden. Sie nimmt Einfluss auf das Wertesystem und damit auch auf die Kultur. Sie erzählt Geschichten, macht Strategien und Prozesse begreifbar und trägt so einen wichtigen Teil zum Erfolg bei.

Interne Kommunikation von heute ist auf Nachhaltigkeit und Langfristigkeit ausgerichtet. Sie zahlt auf die Gesamtstrategie des Unternehmens ein und

- vermittelt ein klares Bild von Unternehmensvision, Mission und Werten,
- stärkt die Bindung der Mitarbeitenden an ihren Arbeitgeber,
- fördert eine engagierte und effiziente Zusammenarbeit, auch bei hybriden und remote arbeitenden Teams,

- vermittelt den Sinn der Tätigkeit und des eigenen Beitrags zum Unternehmenserfolg,
- sorgt für eine gesunde Unternehmenskultur.

So weit die Theorie. Und die Praxis? Die sieht oft ganz anders aus. Das jedenfalls spiegelt das Ergebnis der jährlich neu durchgeführten Gallup-Studie „Employee Engagement"[1] wider. In den vergangenen Jahren hatten durchschnittlich 21 % aller Beschäftigten eine enge Bindung zu ihrem Unternehmen und waren mit Herz und Hand dabei. Die Zahl hat sich in den vergangenen zehn Jahren nur marginal verändert. Lösungen für Veränderungen liefert die Gallup-Studie gleich mit, führt sie doch seit Jahren in ihrer Ergebnispräsentation die Schlüsselfaktoren „Kommunikation" und „Führung" auf, auf die wir noch zu sprechen kommen.

Wir wissen: Emotional gebundene Mitarbeitende stärken die Leistungs- und Wettbewerbsfähigkeit des Unternehmens. Denn wer das große Ganze versteht und sich als wertgeschätzter Teil davon sieht, kann die eigene Arbeitsleistung besser einsetzen und kommt effizienter ans Ziel.

Erfolgreiche Interne Kommunikation kennt deshalb die Botschaften und Hintergründe der Unternehmensstrategie. Sie nutzt Experten-Know-how, wie relevante Zielgruppen informiert und beteiligt werden können. Und sie hat das „Ohr" kontinuierlich an der Belegschaft.

In der Theorie ist die starke Rolle der Internen Kommunikation klar. In der Praxis aber erleben wir alle immer noch große Unterschiede zwischen dem, was sein soll, und dem, was ist. Der Druck zu leisten, zu liefern und sich zu beweisen, ist für Kommunikator*innen extrem hoch.

---

[1] https://www.gallup.com/394373/indicator-employee-engagement.aspx

1.1 Welche Faktoren entscheiden wirklich über den Erfolg der IK?

Noch immer wird beim Thema Interne Kommunikation in Formaten und Instrumenten gedacht:

- Wie viele Menschen haben den Intranet-Artikel geklickt?
- Haben wir genug Likes unter dem letzten Blogbeitrag des CEO?

Für eine Bewertung der IK greift diese Betrachtungsweise jedoch zu kurz. Die Interne Kommunikation vermittelt den Sinn, die Werte, die Ziele und die Strategie eines jeden Unternehmens und muss sich somit viel tiefer greifende Fragen zu ihrer Wirksamkeit stellen:

- Haben unsere Mitarbeitenden verstanden, wohin das Unternehmen sich entwickeln will und warum?
- Fühlen sie sich als Teil eines Ganzen und vom Purpose des Unternehmens inspiriert?
- Setzen die Beschäftigten im Kundenservice die neuen Verhaltensprinzipien im Alltag um?

Die Interne Kommunikation muss sich also zuallererst die Frage stellen, welche Funktionen sie im Unternehmen erfüllen soll und welche Veränderung sie in der Organisation bewirken möchte. Dafür braucht es:

- ein tiefes Verständnis der Unternehmensziele, der Firmenstrategie und Klarheit darüber, wo es in Bezug auf deren Umsetzung hakt
- Klarheit über die Ist- und die Sollkultur der Organisation
- einen ganzheitlichen Blick auf die Arbeitsrealität der Mitarbeitenden
- sehr gute Vernetzung mit HR, Führungsteam, OE, Strategie und allen weiteren Funktionen, mit denen sie das Gesamterlebnis am Arbeitsplatz co-gestaltet

Erst, wenn Klarheit über Strategie und gewünschte Kultur besteht, ist es an der Zeit, sich mit Formaten und Medien der Internen Kommunikation zu beschäftigen. Dabei ist es wichtig:

- Klarheit zu schaffen, welche Tools bestehen (bleiben sollen) und wie sie genutzt werden (Unterstützer und Skeptiker gleichermaßen mitdenken)
- Wissen um die Bedürfnisse von Führungskräften und Mitarbeitern zu erlangen, um die Tools entsprechend auszuwählen (Maxime: so viel wie nötig, so wenig wie möglich)
- sinnvolle und langfristige Redaktionspläne zu erstellen
- Tools zur Erfolgskontrolle etablieren

Ganzheitlich denken

Eine effizient arbeitende, reaktionsschnelle und operativ professionelle Interne Kommunikation ist für die meisten Unternehmen unverzichtbar, denn Veränderungen, Neuigkeiten und Krisen sind an der Tagesordnung und müssen durch die IK kommunikativ begleitet werden. Da ist die Gefahr groß, dass IK-Manager, vom kommunikativen Tagesgeschäft ständig in Atem gehalten, ihre knappe übrige Zeit in die Optimierung der Infrastruktur investieren, um Mitarbeitende mit neuen Tools noch schneller und direkter zu erreichen – oder sich gänzlich in die Funktion „Postamt" gedrängt sehen.

Dabei ist der wichtigste Blick auf die internen Kommunikationsprozesse im Unternehmen der ganzheitliche. Eine zeitgemäße Mitarbeiter-App, mit der alle Mitarbeitenden an allen Standorten zeitgerecht erreicht werden können, ist Gold wert – jedoch kann ein einziger unachtsamer Satz einer Führungskraft alle Bemühungen um Buy-in für das neue Tool zerstören.

Schauen Sie deshalb Ihre IK ganzheitlich an:

- Welcher Bedarf an Kommunikation besteht warum und an welchen Stellen?

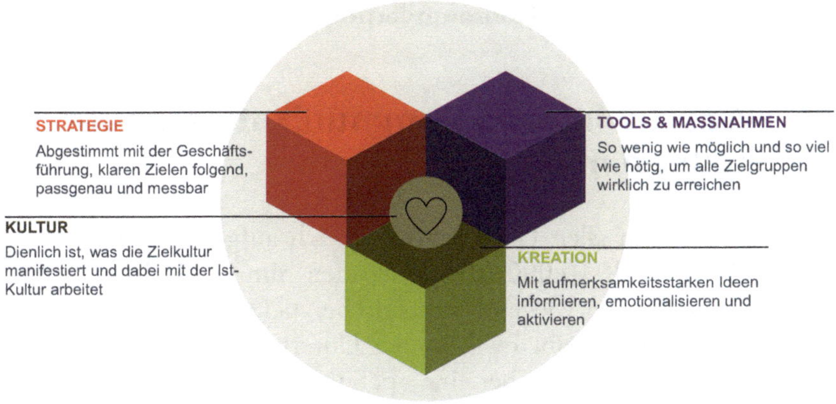

Abb. 1.1 Interne Kommunikation – ganzheitlich gedacht. (Quelle: Eigene Darstellung)

- Welche Bedürfnisse bei welchen Zielgruppen gilt es zu erfüllen, welchen Rahmenbedingungen (Erreichbarkeit, Betroffenheit, Kontext, Vorgeschichte) gilt es dabei Rechnung zu tragen?
- Welche Maßnahmen sind in welcher Form auf diesen Bedarf abzustimmen? Wie können die unterschiedlichen Kommunikationskanäle – inklusive beispielsweise der Führungskräftekommunikation – optimal verzahnt und auf das gemeinsame Ziel ausgerichtet werden?
- Wie wirken sich Ihre gewünschten Maßnahmen auf die Unternehmenskultur aus?

Dass Kommunikateur*innen gebeten werden, ein bereits vorausgewähltes Tool qua Kampagne nur noch einzuführen, ist keine Seltenheit. Wir empfehlen: Wagen Sie gemeinsam mit der Geschäftsführung den Schritt zurück und fragen Sie: Was wollen wir für das Unternehmen erreichen? Bestimmen Sie das Ziel inklusive der Zielkultur. Analysieren Sie die Ist-Situation. Leiten Sie hieraus die Handlungsfelder ab. Und arbeiten Sie dann mit der Auswahl entsprechender Maßnahmen auf dieses Ziel hin – ganzheitlich, mit den richtigen Tools und Formaten, dem richtigen Content und der richtigen Strategie. (Abb. 1.1).

Denken Sie Ihre Interne Kommunikation ganzheitlich

1.2 Was die Interne Kommunikation heute können muss

Die IK ist nicht in allen Unternehmen gleich aufgestellt. In Organisationen mit mehr als 10.000 Mitarbeitenden nimmt die Interne Kommunikation eine überwiegend strategische, beratende und dienstleistungsorientierte Rolle ein. In kleineren Unternehmen ist die Rolle der Internen Kommunikation eher eine operative (SCM & Staffbase Trendmonitor 2022).

Zu den zentralen Aufgaben der IK gehört in jedem Fall die Vernetzung der Kolleg*innen und Führungskräfte innerhalb einer Organisation. Sie verbindet Geschäftsleitung, Führungsebenen und Mitarbeitende sowie Abteilungen wie HR und Organisationsentwicklung. Mehr als Inhalte zu kreieren, muss sie Kommunikation im Unternehmen ermöglichen, fördern und verbessern.

Zugleich agiert die IK im Dschungel der Informationen als Navigationshilfe. Sie ordnet ein, liefert Kontext und sortiert in hochrelevante und optionale Informationen. Besonders dann, wenn Veränderungen anstehen und für Verunsicherung sorgen, muss sie verlässlich.

… informieren

Informationen zeitnah und offen ins Unternehmen zu geben ist eine der Hauptaufgaben der IK. Dabei spielen ihre sortierende und die kontextgebende Funktion eine zentrale Rolle: Transparenz bedeutet nicht, alles an jede*n zu kommunizieren, sondern relevant von irrelevant zu trennen und es sich konsequent zum Ziel zu machen, verstanden zu werden. Häufig bedeutet das, Informationen für verschiedene Zielgruppen unterschiedlich zu filtern, aufzubereiten und in den jeweiligen Kontext einzubetten. Verlässliche Prozessinformation ist dabei ebenso wichtig wie das Verkünden von Ergebnissen – ehrlich und offen, ob positiv oder negativ. Und immer wieder muss die IK dabei darauf zurückkommen, Orientierung und Sinn zu vermitteln: Was macht unser Unternehmen aus? Wofür stehen wir? Was bewirkt meine tägliche Arbeit für das große Ganze? Und wie passt das neueste Change-Projekt hier ins Bild?

... den Dialog anregen und vernetzen
Eingleisige monodirektionale Information war früher. Heute wollen die Kolleg*innen eingebunden werden in Projekte und Prozesse, um mit ihren Bedürfnissen und Anregungen Raum und Gehör zu finden. Offene Austauschformate fördern dabei den Dialog und stärken das Zusammengehörigkeitsgefühl.

... motivieren
Eine lebendige und vertrauensvolle Dialogkultur im Unternehmen motiviert die Kolleg*innen, engagiert, mit Freude und selbstverantwortlich zu arbeiten, sich mit dem Unternehmen zu identifizieren und stolz auf die eigene Tätigkeit zu sein. Ebenso wichtig sind ein inspirierender Purpose, hinter dem das Team steht, das gemeinsame Feiern von Erfolgen und eine klare Antwort auf die „Wozu"-Frage bei jeder Veränderung.

... Zusammenarbeit und das Teilen von Wissen fördern
Effektive Zusammenarbeit, das Teilen von erarbeitetem Wissen und die Wertschätzung für Geleistetes – im besten Falle werden all diese Ziele mit dem Aufbau der IK erreicht. Wissensweitergabe unter Kolleg*innen ist eine Frage von Tools und Formaten, vielmehr noch aber eine Frage der Kultur.

... die Führungskräfte unterstützen
Die Anforderungen, denen Führungskräfte heute gegenüberstehen, sind immens – und bei den allermeisten ihrer Aufgaben hilft ihnen Kommunikationsfähigkeit. Expert*innen sind hier aufgerufen, nicht nur zu fordern, sondern vor allem zu helfen: durch eine Bedarfsanalyse, Unterstützungsangebote und die passenden Formate und Hilfsmittel. Aktiv gefördert und unterstützt werden muss zumeist auch die Vorbildfunktion von Vorstand und Geschäftsführung. Nur wenn Sie mit gutem Beispiel vorangehen, die Unternehmenskultur mit Leben füllen, Kanäle (richtig) nutzen und Kernbotschaften überbringen, die auch das Why,

What und How erklären, wird das, was Sie sich wünschen, auch von Führungskräften und Mitarbeitenden gelebt und umgesetzt werden.

1.3 Die Rollen im IK-Ensemble

All die gerade genannten Aufgabencluster interner Kommunikateure haben es in sich und entsprechend vielfältig sind die zu besetzenden Rollen. Auf der IK-Bühne sehen wir Redakteur*innen, Coaches, Berater*innen und Botschafter*innen, Veränderungsmanager*innen, Seismograf*innen und Sparringspartner*innen, Hinterfrager*innen, Geschichtenerzähler*innen und Visionär*innen. All diese Bezeichnungen würden gut auf die (virtuellen) IK-Visitenkarten passen.

Das bedeutet im Umkehrschluss, dass Unternehmen gut daran tun, solche Skills, die in ihrem IK-Team derzeit fehlen, zu finden oder zu schulen. Dynamik und Veränderungsdruck sind heute beispielsweise aus den meisten Organisationen nicht mehr wegzudenken – so wenig also wie Change-Management aus dem Skill-Portfolio der Internen Kommunikation.

Wahrscheinlich lesen Sie dieses Buch, weil Sie innerhalb Ihrer Organisation kommunikativ etwas verändern möchten, richtig? Was, denken Sie, benötigt Ihre Interne Kommunikation zuallererst, um erfolgreich zu sein? Aus meiner Sicht tatsächlich vor allem Offenheit und eine gute Strategie (s. Kap. 3). Diese sollte kontinuierlich an die Bedürfnisse der

Abb. 1.2 Rollen der Internen Kommunikation. (Quelle: Eigene Darstellung)

Mitarbeitenden angepasst und immer wieder hinterfragt werden. Und stehen Veränderungen an, bedarf es anderer Kommunikationswege als im Arbeitsalltag. Zudem können ergänzende oder veränderte Tools notwendig werden. (Abb. 1.2).

1.4 Die Praxis: 6 Tipps, damit Ihre IK-Strategie auf fruchtbaren Boden fällt

1. Bestehen Sie auf einem eigenständigen Kommunikationskonzept für Ihre Interne Kommunikation, mit dem Sie sich klar positionieren und im Zweifel auch abgrenzen können. Ist Ihre gewünschte Ausrichtung klar, lässt sich auch deutlicher „Ja" und „Nein" zu Wünschen und Anforderungen der Bereiche sagen. Ihr Kommunikationskonzept ist in gewisser Weise auch ein Kulturkonzept, das ganzheitlich betrachtet, gedacht und umgesetzt werden muss.
2. Gute Interne Kommunikation erfordert eine Selbstverpflichtung und Beteiligung der Geschäftsleitung. Bitten Sie im Vorhinein um Rückhalt für Ihre Konzepte, Strategien und Projekte, damit Sie dann mit einem guten Gefühl in die Umsetzung gehen können. Informieren Sie Geschäftsführung und Führungskräfte anhand von Studien über die Wichtigkeit der Internen Kommunikation und halten Sie sie über ihre Wirksamkeit auf dem Laufenden. Eine von Ihnen verfasste Management Summary zum Quartalsende oder nach Abschluss eines Change-Projektes berücksichtigt das geringe Zeitbudget der Chefinnen und Chefs und unterstreicht Ihr Engagement.
3. *Always start with a why:* Erklären Sie, warum Sie so und nicht anders vorgehen wollen (und werden). Vielen Ihrer direkten Kolleg*innen werden die Wirkmechanismen, das Wording und auch die Strategien der IK schlicht nicht bekannt sein. Je mehr Ihre Kolleg*innen dies verstehen, desto mehr werden sie sie wertschätzen, entsprechend agieren und Ihre Bemühungen unterstützen.
4. Fordern Sie ein angemessenes Budget ein. Belegen Sie gründlich, warum und wofür Sie das Geld einsetzen. Sparmaßnahmen bekommen die Mitarbeitenden oft als Erste zu spüren. Im Vergleich zu anderen Bereichen der Kommunikation, dem Marketing oder der

Pressestelle, schneiden die IK-Etats dann relativ schwach ab. Das liegt in den seltensten Fällen an den besseren Argumenten der Anderen, sondern an mangelndem Selbstwertgefühl der IK. Oftmals werden Budgets auch einfach nur fortgeschrieben, anstatt sie an die aktuellen An- und Herausforderungen anzupassen.

5. Positionieren Sie sich auch als strategischer Partner der Geschäftsführung und der oberen Führungsebene – auf Augenhöhe mit der externen Kommunikation. Mit gut konzipierten Instrumenten aus Ihrer Feder unterstützen Sie diese aktiv in ihrer Internen Kommunikation. Ihr Know-how rückt in das Blickfeld der Führenden. Authentische und umfassende Führungskräftekommunikation ist das A und O jedes erfolgreichen Unternehmens mit motivierten Mitarbeitenden. Ihr Wissen ist deshalb wertvoller, als viele (Sie selbst vielleicht eingeschlossen) denken.
6. Es hilft, wenn Sie sich durch professionelles Sparring unterstützen lassen oder sich mit anderen Expert*innen austauschen. Das stärkt und befähigt Sie, Ihre Position auszufüllen. Exakt Ihren Herausforderungen sind andere nämlich auch schon begegnet – glücklicherweise. Bei Kongressen oder Fortbildungen können Sie Ihr Netzwerk erweitern. Vielleicht organisieren Sie dadurch sogar einen regelmäßigen Austausch.

2

New Work in der VUCA-Welt

Ein Beispiel aus der Praxis

Das hatte Jörg W. sich wirklich anders vorgestellt, als er seinen jetzigen Job vor einem Jahr übernahm. Damals blickte er auf 20 Jahre Erfahrung als Führungskraft in diversen Branchen zurück. Hatte viel gesehen und noch mehr erlebt.

Und jetzt ... alles neu. Jeden Tag.

Hier, im ehemaligen Familienunternehmen, das nun ein global agierender Konzern geworden war, ist er seit Kurzem nicht mehr nur für die DACH-Region zuständig, sondern weltweiter Marketingleiter – und mit seinem Latein am Ende.

*Kaum ein Tag, an dem er morgens für die kommenden Stunden planen kann. Projekte brauchen in jeder freien Minute seine Präsenz; Strategien werden von der Geschäftsleitung spontan geändert. Und es ist seine Aufgabe und die seiner Kolleg*innen, diese aktualisierten Vorgaben auf die Arbeit in den Marketingteams anzupassen.*

Es gibt kein Projekt mehr, das nach festen Projektplänen und -hierarchien aufgebaut ist. Dafür jede Menge Schulungen für alle Mitarbeitenden in agilen Arbeitsweisen wie Design Thinking und Kanban. Aber wozu das alles? Effizienzverbesserungen sind aus seiner Sicht ebenso Fehlanzeige wie verbesserte Kennzahlen. Gestiegen ist nur der Kommunikationsbedarf.

Ja, natürlich, die Herausforderungen sind groß: Völlig neue internationale Unternehmen waren in den letzten Monaten auf den Markt

A. Montua, *Führungsaufgabe Interne Kommunikation*,
https://doi.org/10.1007/978-3-658-41715-4_2

der zuliefernden Unternehmen gekommen. Sie offerierten innovative Produkte und eine völlig neue Art des Kundenservice.

Parallel dazu setzte sich in seinem Unternehmen der New-Work-Gedanke immer weiter durch. Teammitglieder arbeiteten teilweise im Büro, teilweise zu Hause, einig kamen gar nicht mehr. Kürzlich hatte doch tatsächlich ein Bewerber abgelehnt, überhaupt ins Büro zu kommen. Ihm schwebte ein Co-Working-Space an der Adria vor. Das sollte in einem modernen Unternehmen doch wohl möglich sein? Jörg W. war sich da eigentlich nicht so ganz sicher und er wusste, dass seine Geschäftsführung davon auch nicht erbaut war.

In den Gesprächen rund um seinen Unternehmenseintritt hatten sie zwar viel von VUCA, Agilität und New Work gesprochen, aber er war sich nie so wirklich sicher, welches Ziel sie damit verfolgten. War es, um dem Trend zu folgen? Oder versprachen sie sich wirklich etwas davon?

Eine Lösung musste her. Eine strategische Planung für diese neue Art der Zusammenarbeit, die den VUCA-Umständen gerecht werden würde, New Work berücksichtigte und die vielen Fragezeichen bei der Geschäftsführung und dem mittleren Management durch Ausrufezeichen ersetzen konnte.

Wie positiv Mitarbeitende auf ihr Unternehmen schauen und wie engagiert und motiviert sie daran mitarbeiten, Lösungen zu finden und Produkte und Service zu einem echten Erlebnis für die Kunden werden zu lassen, das macht heute und künftig den Unterschied für den Erfolg eines Unternehmens aus.

Konkurrenz kommt zudem seit geraumer Zeit auch nicht mehr nur aus der gleichen Branche. Vielmehr erscheinen neue Marktteilnehmer*innen aus allen Bereichen und Richtungen und mit teils bahnbrechenden neuen Produkten und Services (Bsp. ChatGPT im Jahr 2023 als Konkurrenz für viele althergebrachte Services).

Deshalb sind klare Antworten auf die Fragen „Wer sind künftig meine Kund*innen? Wer meine Wettbewerber*innen? Und wie werden wir in zehn Jahren arbeiten?“ nicht mehr möglich oder schnell nichts mehr wert.

Schnell und mit einer Mischung aus Intuition und analytischem Verständnis auf die Veränderungen am Markt reagieren zu können ist mittlerweile eine der wichtigsten Fähigkeiten, die Unternehmenslenker und Führungskräfte auszeichnen sollte. Aber auch ein Gespür für die passende Unternehmenskultur und die Kommunikation zu Sinn und Hintergrund von Entscheidungen ist gefragt, damit Mitarbeitende angstfrei neue Wege gehen und Rückschläge nicht als Versagen, sondern als Chance für die eigene Entwicklung sehen können.

Was es dafür braucht, sind selbstverständlich passende Rahmenbedingungen. Bedingungen, in denen sich im Idealfall jede und jeder auf Basis vereinbarter Ergebnisse einbringen kann und darf. Dazu gehört eine Kultur, die auf Vertrauen fußt, das Miteinander fördert und die Werte festlegt, auf die sich alle verständigen können. Und natürlich gute kommunikative Fähigkeiten, Verständnis für Wirkmechanismen in Veränderungssituationen und im Umgang miteinander sowie eine große Offenheit für (eigene) Entwicklungsprozesse.

2.1 Interne Kommunikation schafft Verständnis

Strategien rollen heute nicht mehr „auf starren Schienen". Vielmehr wollen sie ständig entwickelt und angepasst werden. Die Unternehmensvision dient als Leitplanke und Richtgröße auf dem Weg.

Führungskräfte haben die Aufgabe, die Zielsetzungen der Unternehmensvision auf die eigenen Geschäftsbereiche herunterzubrechen. Im besten Fall erarbeiten sie Hand in Hand mit den Mitarbeitenden, welchen Beitrag jede und jeder Einzelne zum großen Ganzen leisten kann und an welchen Stellen Veränderungen notwendig sind, um die Ziele zu erreichen und persönlich gut gewappnet für die Herausforderungen zu sein.

Lautet die Unternehmensvision beispielsweise „Nummer 1 sein bei innovativen Wohnaccessoires", ist es Aufgabe der Führungskräfte, diese gemeinsam mit ihrem Team in ureigene Bereichsvisionen zu übersetzen und dann mit Leben zu füllen: Was heißt diese Zielvorstellung für uns im Einkauf, im Verkauf, im Personalbereich, im Kund*innenservice? Und wie können wir unsere Arbeit entsprechend gestalten? Was müssen wir gemeinsam erarbeiten und was müssen die Mitarbeitenden wissen, um gut arbeiten zu können?

Wurde noch vor einigen Jahren eine solche Vision im besten Falle von oben nach unten kaskadiert und war Ziel und Mittel zum Zweck zugleich, so ist es heute Aufgabe der Internen Kommunikation in Zusammenarbeit mit den Führungskräften, den für den jeweiligen Bereich richtigen und passenden Weg zu erarbeiten. Ziel muss es sein, für jeden Bereich definieren zu können, was ebenjene Vision für die Kolleg*innen genau bedeutet und wie alle Mitarbeitenden ihre tägliche Arbeit daran ausrichten können.

Dazu bedarf es der Partizipation. Für eine stabile Unternehmenskultur braucht es alle Personen im Unternehmen. Gemeinsam wird entwickelt, wie die Produkte und Prozesse aussehen – und zwar so, dass die unternehmenseigene Energie in sinnvolle und werthaltige Ansätze umgewandelt werden kann. So sollten Produkte entstehen, die dem Kunden wirklich dienlich sind. Denn es wird immer wichtiger, sich in die Zukunft einzudenken und vorausschauend Möglichkeiten und Angebote bereitzustellen, die aktiv auf die Unsicherheit im Markt reagieren. Der Schlüssel heißt: Komplexitätsreduktion.

Dabei wird sich jenes Unternehmen am effektivsten entwickeln, in dem sich Mitarbeiterinnen und Mitarbeiter nach ihren persönlichen Stärken und Qualifikationen einbringen können. Gewinnen werden Firmen, in denen gemeinsam nach den passenden Lösungen gesucht wird – immer an den Bedürfnissen der Zielgruppen entlang. So entstehen Lösungen, die wiederum die Visionen des Unternehmens stärken.

2.2 Aufgaben der Führungskräfte

Vielleicht merken Sie es auch in Ihrem Unternehmen: Die Rolle der Führungskräfte hat sich bei all diesen Entwicklungen grundlegend verändert. In der digital vernetzten Welt muss das Management täglich mit immer komplexeren Daten und Prozessen umgehen, sie verstehen können. Nicht nur deshalb ist es mehr und mehr auf das Wissen sehr gut ausgebildeter Mitarbeitender angewiesen, die zugleich immer stärker mit einbezogen werden möchten, um motiviert und engagiert für das Unternehmen eintreten zu können. Der schon zitierte Gallup Engagement

Index weist etwa darauf hin, dass engagierte Mitarbeitende deutlich produktiver sind (+20 %), weniger Fehltage verzeichnen (−41 %) und qualitativ bessere Arbeit leisten (−40 % Qualitätsmängel). Sie sind Markenbotschafter*innen und empfehlen Produkte (84 %) und Arbeitgeber (69 %) gerne weiter. (Gallup Engagement Index, 2022).

Führungskräfte sind in ihrer Funktion als „Sinnvermittler*innen“ und „Change Agents“ gefragt, die den digitalen und damit auch kulturellen Wandel in den Unternehmen gestalten und steuern. Ihre Aufgabe ist es, die Bedürfnisse der Mitarbeitenden wirklich zu verstehen und sie in ihrem Alltag zu unterstützen. Ihre zentralen Führungsaufgaben lauten daher:

1. den Sinn des täglichen Tuns erläutern
2. Mitarbeitenden jene Informationen zur Verfügung stellen, die sie benötigen, um neben dem „Was“ und „Wie“ das „Warum” zu verstehen
3. mehr denn je Coach*innen und Impulsgeber*innen sein, mit einem klaren Blick auf die individuelle Weiterentwicklung der Mitarbeitenden und auf gesellschaftliche Trends

Übrigens: Laden Sie den Job Ihrer Change Agents ruhig positiv auf. Begriffe wie Culture Champions, Kulturbotschafter*innen o. Ä. klingen für sensible Gemüter weniger bedrohlich.

Mit den Führungsideen von einst hat dies nicht mehr viel zu tun. Heute benötigen wir alle eine enorme Flexibilität, wenn wir Erfolg haben möchten. Der Veränderungsweg der Unternehmen beginnt schließlich bei jedem Einzelnen selbst und Mitarbeitende folgen Führungskräften nur dann noch bereitwillig, wenn sie sie als Vorbilder anerkennen können und wollen. Nötig ist die Fähigkeit, eigene Komfortzonen zu verlassen bzw. auszudehnen und als Coach*in und Impulsgeber*in zu agieren.

Sinnhaftes Handeln ist ein Grundbedürfnis jedes Menschen. Ergibt unsere Arbeit Sinn, sind wir mit Freude und Engagement dabei, gehen bereitwillig die so gern zitierte „Extrameile“, beteiligen uns an Veränderungsprozessen und treiben sie vielleicht sogar federführend und eigenmotiviert voran.

Sehr sinnvoll ist es beispielsweise, die Wertschöpfung durch standardisierte Prozesse zu steigern, die wenig Ressourcen binden. So bleiben mehr Arbeitskraft, mehr Kreativität und mehr Ideen für neue Herausforderungen. Auch ist die Idee einer 4-Tage-Woche, mit der immer mehr Unternehmen liebäugeln, anders nicht zu erreichen.

Wenig Sinn hingegen macht es, einen Gemeinschaftsraum mit bunten Sitzsäcken, Kaffeevollautomat, Bio-Brause und Kicker einzurichten und zu hoffen, das sei jetzt „New Work, die neue Art zu arbeiten", und alles würde besser.

2.3 Agiles Arbeiten

Damit sich Unternehmen weiterhin behaupten können, sollen sie heute mehr denn je „agil" sein und auf die Anforderungen der VUCA-Welt einzahlen. Auf die sich ständig wandelnden Rahmenbedingungen müssen sie in passender Weise reagieren – nämlich: flexibel, aktiv, anpassungsfähig und initiativ.

Noch vor ein paar Jahren als hippes Buzzword genutzt, ist Agilität mittlerweile praktischer Alltag: Angesagt ist ein Plus an Mitbestimmung und Umsetzungskraft, häufig durch die Nutzung der OKR-Methode, bei verkürzten Planungszeiträumen und Meetings.

Was auf den ersten Blick sehr logisch und sinnvoll erscheint, bedeutet jedoch bei genauerem Hinsehen einen echten Wandel in der Unternehmensführung und bei der Kommunikation.

Auf diese Weise lösen nicht immer konturenscharfe Visionen die bisherigen konkreten Ziele ab. Sie sollen der Belegschaft Orientierung geben – auch in unsicheren Zeiten. Sie sollen dafür sorgen, dass sie eigeninitiativ und motiviert am Erfolg des Unternehmens mitarbeitet.

Führt dieser eingeschlagene Weg in eine Sackgasse? Oder verspricht er weiterhin Erfolg? Das immer wieder neu zu hinterfragen, ist in agilen Unternehmen ebenfalls Teil des neuen Führungsverständnisses.

Unternehmen mit dem Prädikat „agil" verzichten auf stark ausgeprägte Hierarchieebenen – zugunsten von Netzwerkstrukturen. Sprich: Führungskräfte sind nicht mehr die „Kontrollinstanz". Vielmehr geben sie den Rahmen vor. Sie übergeben Verantwortung an die Teams und einzelne Mitarbeitende.

Das klingt erst mal gut. Was aber, wenn echter Bedarf an agiler Arbeitsweise erkannt wurde? Wie spiegelt man ihn in Richtung Unternehmensleitung?

Was jetzt zählt, ist die Bereitschaft, Agilität als kompromisslosen Dauerprozess anzunehmen. Sie setzt ein neues Verständnis von Führung voraus. Ebenso eine neue Haltung bei Entscheidungswegen und beim Umgang mit Potenzialen in Ihrem Unternehmen.

Bitte halten Sie sich vor Augen: Agilität ist kein Prüfsiegel, das Unternehmen durch drei bis vier Wochen intensive Arbeit erwerben können, nur, um dann auf das Ausgangsniveau zurückzufallen. Agilität können Sie nicht in die Vitrine Ihres Eingangsbereiches stellen. Sie können nicht beim Betreten Ihres Unternehmens täglich selbstzufrieden drauf schauen, was Sie schon alles geschafft haben. Es zählt eben nicht mehr, was Ihr Unternehmen in den zurückliegenden Jahren hat erfolgreich sein lassen.

Die Rolle der Internen Kommunikation in der Startphase agiler Arbeitsweisen

Bei der Einführung agiler Prozesse hilft die Interne Kommunikation allen Akteur*innen auf viele unterschiedliche Arten, beispielsweise als Berater*in der Geschäftsführung und Sparringspartner*in der Führungskräfte und des Personalbereiches. Ihre Aufgabe ist es, die Themen in einen Gesamtzusammenhang zu bringen und das richtige Maß an Kommunikation zu definieren: Brauchen die Führungskräfte und Mitarbeitenden eine Vorstellung, warum die Einführung agiler Strukturen und Methoden gerade jetzt richtig für das eigene Unternehmen ist? Oder fehlt es vielleicht an einer kommunikativen Begleitung des kulturellen Wandels, für den die Einführung agiler Arbeitsweisen steht? Und müssen wir womöglich auch erläutern, was sich dadurch bei der täglichen Arbeit und den Aufgaben der jeweiligen Bereiche genau ändern wird?

In ihrer Rolle als Mittlerin und Übersetzerin im Veränderungsprozess nutzt die IK eigene Erfahrungen als Grundlage für die Unterstützung anderer Unternehmensbereiche. So entsteht Verständnis dafür, was sich verändert, was es braucht und was eine agile Arbeitsweise bewirken kann. Gleichzeitig muss die IK mit der Geschäftsführung genau abklären: Was versteht sie unter „agil"? Wie soll der agile Alltag aussehen? Vielleicht ist ein gesondertes Sparring zur Erwartungshaltung erforderlich. Jedes Unternehmen definiert seine Wünsche im Detail anders. Innerhalb der Organisation allerdings müssen sich alle auf gültige Rahmenparameter verständigen. Einer davon ist die Mitgestaltung.

Die Kommunikation sollte hier eher die Rolle des Coaches als die des Managers oder der Managerin einnehmen. Sich mit ausreichend Knowhow auf diese Rolle vorzubereiten und zu wissen, wovon Sie sprechen, hat sich als guter Schritt erwiesen.

Sie wollen die agile Arbeitsweise im Unternehmen kommunikativ begleiten? Machen Sie den ersten Schritt: Gehen Sie selbst den „agilen" Weg. Nutzen Sie hier keine vorgefertigten Lösungen. Schauen Sie gemeinsam mit Human Resources, der IT-Abteilung und Ihrer Geschäftsleitung, was zum Unternehmen passt, wie die Zielgruppe tickt, was sie sich wünscht und was ihr wirklich wichtig ist.

Agile Arbeitsmethoden

- **Scrum** ist der Rahmen des agilen Projektmanagements. Ziel ist die schnelle, wendige und kund*innenorientierte Zusammenarbeit eines Teams. Es ist besonders geeignet für komplexe Projekte, deren Anforderungen zu Beginn noch nicht klar umrissen sind.
- **Kanban** ist die horizontale, japanische Adaption der klassischen To-do-Liste. Durch ein Kanban-Board werden Projektabläufe und Aufgaben visualisiert, um Workflow besser zu planen, zu überwachen und zu steuern. Es ist dann hilfreich, wenn eine hohe Dynamik vorherrscht und ein optimaler Workflow vonnöten ist.
- **Design Thinking** ist eine kreative Art, konkrete Ideen, Produkte oder Dienstleistungen zu entwickeln. Auf diese Methode greifen Organisationen zurück, wenn es mehrere Interessensträger*innen zu einem konkreten Problem gibt. Die Lösung sollte von den Betroffenen selbst gefunden werden, ohne die Hilfe externer Experten*innen.
- Unter **Persona** versteht man, die Sichtweise verschiedener Kund*innen einzunehmen, deren Bedürfnisse zu definieren und auf Produkte und Prozesse aus ihrer Sicht zu schauen. Besonders zu Beginn eines Projekts oder einer Produktneuentwicklung ist es extrem hilfreich, die Zielgruppe genau abzubilden.

- **Planning Poker** bezeichnet das dynamische Verfahren zur Schätzung von Aufwänden. Diese Methode eignet sich, wenn die Komplexität oder der Aufwand von Einzelaufgaben geschätzt werden müssen und mehrere Mitarbeitende an einer Entwicklung mitwirken.

Jetzt fragen Sie sich bestimmt, wie Sie vorgehen können. Das ist völlig normal. Das Wichtigste: Nehmen Sie Ihre Mitarbeitenden mit. Erklären Sie, beschreiben Sie und ordnen Sie Themen ein. Zeigen Sie, wohin die gemeinsame Reise geht. Haben Sie keine Scheu zu kommunizieren, wenn Sie aktuell nicht auf alles eine Antwort haben. Vieles muss sich erst noch fügen, aber auch das möchten die Mitarbeitenden wissen. Sorgen Sie für Stabilität und Sicherheit. Geben Sie Orientierung. Eine Veränderung geht in der Regel mit einem Störgefühl einher. Und umso mehr, wenn neue Wörter wie „agil" ins Spiel kommen und die Art der Zusammenarbeit fundamental verändert wird.

Und wie beginnen Sie nun damit, diese Veränderungen kommunikativ zu begleiten? Setzen Sie bei jenen Elementen an, die das Unternehmen stabilisieren und im Kern ausmachen. Machen Sie sie ausfindig, und kommunizieren Sie sie. Das sorgt dafür, dass die Mitarbeitenden in den agilen Strukturen den Boden unter den Füßen nicht verlieren.

Wenn Sie auf diese Weise ihren Weg gefunden haben, sollten Sie ihn mindestens einmal pro Jahr überprüfen. Nutzen Sie Wirksamkeitsmessungen, etwa über Klicks oder Kommentare, oder führen Sie Befragungen durch. Nutzen Sie Call-to-Actions, um zu überprüfen, ob Ihre Artikel gelesen und verstanden werden. Justieren Sie Content und Maßnahmen, wo nötig. Schauen Sie unvoreingenommen auf Ihren neuen Ansatz. Passt er? Haben Sie Ihre Ziele erreicht? Wenn nicht, planen Sie neu. Kommunikation ist in Bewegung. Mitarbeitende, die Sie bislang über einen Kanal, bspw. den Blog, nicht erreichen konnten, ändern mit ein wenig Stimulanz womöglich ihre Nutzungsgewohnheiten und werden zu treuen Leser*innen. Prüfen Sie, was es zu einer solchen Verhaltensänderung braucht.

Eine kleine Auswahl an Kommunikationsformaten

Der oben erwähnte Blogartikel ist natürlich nicht das Einzige, womit Sie mit ihren Mitarbeitenden in Kontakt treten und in den Austausch kommen können. Abhängig von Thema und gewünschtem Resultat können viele weitere Formate Verwendung finden. Prüfen Sie, was zu Ihrem Unternehmen und der aktuell vorherrschenden Kultur passt. Lassen Sie sich von Misserfolgen nicht entmutigen. Verhaltensänderungen brauchen Zeit und Vertrauen. Achten Sie deshalb unbedingt auf eine solide Vor- und Nachbereitung. Was wollen wir mit diesem Termin erreichen? Warum führen wir ihn auf diese Art durch? Was soll das Ergebnis sein und was tun wir dann mit unseren Erkenntnissen? Was sind die nächsten Schritte und wer führt sie durch?

- **Stand-up-Meetings** sind Meetings, bei denen die Teilnehmenden stehen und nicht sitzen. Durch das Stehen soll die Länge des Meetings begrenzt und die Entscheidungsfindung beschleunigt werden.
- **Fish-Bowls** ist eine Diskussionsmethode für größere Gruppen. Dabei sitzen in einem kleinen Kreis in der Mitte vier bis sechs Personen, die die Diskussion führen. Ein bis zwei Stühle stehen zudem frei mit im Kreis. Interessierte Teilnehmende stehen/sitzen außen um den Kreis und hören zu, können aber auch jederzeit mitdiskutieren, indem sie in den inneren Kreis treten und sich auf einen der freien Plätze setzen.
- **Brown-Bag-Sessions** sind Informations-/Trainingsveranstaltungen, die (häufig) während der Mittagspause stattfinden und den Teilnehmenden ermöglichen, während der Informationsvermittlung Getränke und Essen zu sich zu nehmen. Das Gute: Es ist informell und erleichtert den Austausch über konkrete Themen. Besonders im Austausch zwischen Führungskräften und Mitarbeitenden können Brown-Bag-Sessions sehr gut passen.
- **TEDx-Veranstaltungen** leiten sich von den jährlichen TED-Innovationskonferenzen ab. Sie bieten jedem die Möglichkeit, in Form eines Vortrags seine/ihre Ideen oder sein/ihr Wissen mit anderen zu teilen. Meist wird im Unternehmenskontext auf das Zeigen von Präsentationen verzichtet und die Länge der Vorträge auf 5–10 min begrenzt. Ziel ist es, Informationsaustausch und Wissenstransfer zu fördern.
- **Working-Out-Loud-Sessions** sind eine Veranstaltungsmethode, bei der sich Teilnehmende verschiedener Bereiche zu gemeinsamen Arbeitsgruppen („Circles“ mit 3–5 Personen) formieren und sich 12 Wochen lang treffen, um an individuellen Zielen der Circle-Mitglieder zu arbeiten.
- **Barcamps** sind ein offenes Veranstaltungsformat, bei dem Inhalte und Ablauf erst vor Ort von den Teilnehmenden festgelegt werden. Jede*r kann sich mit seinem Thema entsprechend einbringen.

- **Café Agile** ist eine Event-Reihe, die explizit der Informationsvermittlung und dem Wissensaustausch zum Thema Agilität dienen. Der Austausch findet dabei sowohl mit Expert*innen als auch untereinander (z. B. unter Mitarbeitenden) statt.

Überlegen Sie, welche Methode gut zum Unternehmen, zum/zur Sender*in und der Transformation passt. Bei den oben genannten handelt es sich nur um eine erste Auswahl. Formulieren Sie Ziele, Zielgruppen, Information und entscheiden Sie erst dann über das geeignete Format. Denken Sie ruhig „out of the box". Es muss kein etabliertes und gelerntes Format sein. Seien Sie ruhig mutig und kreativ.

Jetzt wollen Sie mit der Einführung neuer Arbeitsmethoden und -wege im Unternehmen beginnen, wissen aber nicht, wie Sie diese am besten im Unternehmen verankern? Aus unserer Erfahrung sind es nur wenige Schritte, die notwendig sind, um den Führungskräften und Mitarbeitenden den Weg in die neue Arbeitswelt zu erleichtern:

1. (Sich selbst) Motivieren

Veränderungen gehen mit dem Verlassen der eigenen Komfortzone einher. Und diese haben nicht nur andere, sondern auch wir selbst. Vielleicht müssen wir als Interne Kommunikation eigene Denkmuster aufgeben, haben vielleicht selbst noch (zu) starre Strukturen, die sich nicht von heute auf morgen ändern. Schauen Sie im ersten Schritt auf sich und dann auf die anderen.

Als Interne Kommunikation sollten wir grundsätzlich davon ausgehen, dass alle Mitarbeitenden motiviert werden können und bereit sind, neue Wege zu gehen. Dennoch: Kritiker*innen wird es immer geben und das ist auch gut so. Nutzen Sie Kritik konstruktiv. Häufig ist sie ein Zeichen dafür, dass die betreffende Person nicht richtig mitgenommen wurde, das „Warum" nicht verstanden hat oder von bestimmten Sorgen und Ängsten geplagt wird. Aktivieren Sie Ihre Kritiker*innen und animieren Sie zur Mitgestaltung. Die Emotionen aller Beteiligten spielen bei Veränderungen immer eine große Rolle. Berücksichtigen Sie diese wertschätzend.

Erklären Sie, worum es geht: Warum ist es wichtig, dass mein Unternehmen Erfolg hat? Warum soll ich Verantwortung dafür übernehmen? Was genau habe ich davon? Stellen Sie sich diese Fragen und haben Sie Antworten für die Mitarbeitenden parat. Ein erfolgreiches Unternehmen mit begeisterten Kund*innen, zufriedenen Mitarbeitenden und einer langen Lebensdauer ist das Ziel.

2. Führungskräfte begeistern

Die Erkenntnis, dass Sinnvermittlung und die Förderung von Kreativität und neuen Ideen der Schlüssel auf dem Weg zu einem zukünftig erfolgreichen Agieren am Markt ist, muss im ersten Schritt bei allen Führungskräften verankert werden. Hier kann die Interne Kommunikation bereits Impulsgeber*in sein: Begeistern Sie die Führungskräfte für das Potenzial der Mitarbeitenden. Versorgen Sie sie mit Material, das zum Umdenken anregt: Warum muss ich mich als Führungskraft verändern, Vertrauen schenken, Mitarbeitende individuell fördern, um künftig erfolgreich zu sein? Warum ist das kein Kontrollverlust, sondern ein Gewinn für alle: Mitarbeitende, Führungskräfte und mein Unternehmen? Bitte ordnen Sie auch hier immer das Thema ein. Sie kennen es bestimmt von sich selbst: Wenn man das „Warum" nicht versteht und den Vorteil für sich selbst nicht erkennen kann, ist jedes Thema nur noch mäßig interessant.

3. Begleiten Sie den Weg

Bleiben Sie so lange an der Seite Ihrer Kolleg*innen wie nötig. Denn nicht alle kommen gleichzeitig im Ziel an. Wenn Sie den Sinn der Veränderung immer wieder auf die Agenda bringen und das Ziel damit stärken, sind Sie ein*e treue*r, gute*r Begleiter*in. Auch, wenn wir alle gemeinsame Ziele erreichen wollen, gibt es Personen, die etwas länger benötigen.

Erzählen Sie Geschichten aus Ihrem Unternehmen, aber auch aus anderen, die Mut und Lust machen, den Weg gemeinsam weiterzugehen. Seien Sie transparent und sprechen Sie auch über die Misserfolge und Situationen, in denen nicht immer alles glatt lief – denn nur so bleiben Sie glaubwürdig und behalten das Vertrauen Ihrer Kolleg*innen.

2.4 Fehler erlauben und aus ihnen lernen

Sind auch Sie noch in einem Unternehmen tätig, dessen Kultur eher von Misstrauen denn von Vertrauen und Eigenverantwortung geprägt ist? Sind auch Sie der Meinung, dass sich das ändern darf, weil es nicht mehr zum gewünschten stabilisierenden positiven und kreativen Klima passt?

„Lassen Sie uns aus gemachten Fehlern lernen, statt sie an den Pranger zu stellen." Eine der großen Prämissen neu zu etablierender Fehlerkulturen in den Unternehmen. Doch Achtung: Bleibt sie eine Phrase und wird stattdessen weiter nach Schuldigen gesucht, verfehlt die Kulturveränderung komplett ihr Ziel. Wo Strategien regelmäßig geändert und Prozesse so rasant beschleunigt werden müssen, steigt die Anzahl der Fehler selbstverständlich. Zum Teil sogar drastisch. Bedenken Sie: Fehler machen ist zutiefst menschlich und verzeihlich. Es hat absolut nichts zu tun mit einem Fehlverhalten und ist diesem auch nicht gleichzusetzen.

Die Einstellung, Fehler vor allem bei sich selbst zu suchen, führt nicht selten zu Selbstvorwürfen. Zu Scham und einem oft krank machenden Dauerstress kann ebenso das Gefühl beitragen, selbst partout nicht auf die Lösung zu kommen, nichts zur Lösung beitragen zu können – oder das alles zumindest zu glauben.

Das Ziel sollte eine widerstandsfähige Fehlerkultur sein. Eine Kultur, in der Führungskräfte und Teams dafür sensibilisiert werden, Schwierigkeiten frühzeitig zu erkennen und darüber zu sprechen. Eine Kultur, in der angesichts unproduktiver Arbeitsweisen und Fehleranfälligkeit keine Schuldigen gesucht werden, sondern passende und kreative Ideen zur Veränderung. Und das gemeinsam.

Wie das gelingen kann? Mit teilweise kleinen, aber sehr effektiven Änderungen der unternehmensalltäglichen Arbeitsweisen. Unterstützen

Sie die Bereiche darin, ein offenes Arbeitsklima zu leben und eine konstruktive Fehlerkorrektur zu etablieren:

- Halten Sie die Belegschaft an, Routinen und gewohnte Vorgehensweisen offen zu hinterfragen.
- Teams sollten motiviert werden, Fehler und Probleme anzusprechen und zu diskutieren. Und wenn Schwierigkeiten absehbar sind, nutzen Sie externe Moderationsunterstützung, um die Themen zu klären.
- Stellen Sie den Teams Zeit zur Verfügung, um neue und kreative Ideen für schwierige Themen zu entwickeln.

Doch nicht nur Führungs-, Kommunikations- und Fehlerkultur ändern sich in der neuen VUCA-Welt. Ebenso gilt es, die Entscheidungsmethoden entsprechend anzupassen und an vielen Stellen von Top-down auf Bottom-up zu schalten:

Früher mag es üblich gewesen sein, Projekte von oben nach unten durchzusteuern, klare Erwartungen zu formulieren, Richtlinien, Pläne und Informationen bereitzustellen und Präzision und Prozesskonformität walten zu lassen. In der „neuen Welt" gilt, gemeinsam an der Zielerreichung zu arbeiten, Schritt für Schritt. Ohne Vorgaben, aber mithilfe von Meilensteinen und einem definierten Rahmen.

Dieses Vorgehen verlangt von Führungskräften eine neue Art von Vertrauen, Loslassen und Delegieren. Und es bringt Mitarbeitende dazu, Verantwortung für ihre Entscheidungen zu übernehmen und eigene Wege zu gehen. Weniger Kontrolle führt zu mehr Freiheit – und damit oft zum Wunsch nach einer klaren Vision, anhand derer das große Ziel für alle klar und verständlich lebbar ist.

Auch wenn Führungskräfte ihre Kontrollmöglichkeiten im ersten Moment vermissen – glauben Sie mir: Weniger Kontrolle führt zu mehr Freiheit. Unser Ziel ist es, gemeinsam unsere Zusammenarbeit und unseren Weg zu gestalten und unsere Ziele zu erreichen. Die Kontrolle von einst ist dazu nicht mehr nötig. Begleitung hingegen schon.

Von der Komfort- in die Entwicklungszone

Ganz gleich, ob Sie sich als Führungskraft den neuen kommunikativen Herausforderungen Ihres Bereiches stellen oder als Kommunikator*in

Abb. 2.1 Eine Organisation reagiert adaptiv auf Change, wenn ihre Mitarbeitenden in der Lernzone sind. (Quelle: Eigene Darstellung)

mit den neuen Medien und Arbeitsweisen auseinandersetzen müssen: An so mancher Stelle geht die eigene Entwicklung, das eigene Wachstum mit großen Schritten hinaus aus der Komfortzone. Unsicherheit und Angst vor dem Scheitern lassen uns den Weg oft als steinig und besonders schwierig empfinden. War das, was wir bis hierher taten, nicht richtig? Müssen wir uns wirklich nach Jahren des erfolgreichen Tuns plötzlich so vielen neuen Themen und Facetten widmen? (Abb. 2.1).

So manche Führungskraft, so manche*r Kommunikator*in steckt an dieser Stelle schnell in einem Dilemma: Die eigene fachliche Kompetenz und die Expertise der zurückliegenden Jahre haben uns in die eine oder andere Position gebracht. Plötzlich aber dreht sich die Arbeitswelt mit einer Dynamik, die selbst anpassungsfähige Menschen überfordert und an die eigenen Grenzen bringt.

Zur Legitimation der eigenen Position braucht man nun oft weiterentwickelte oder gänzliche neue Kompetenzen. In vielen Menschen stecken Kompetenzen, die zunächst erst mal aussehen, als seien sie nicht relevant. Das kann täuschen. Wir alle bringen viele Eigenschaften und Talente und vielleicht ist dieses Potenzial genau das, was benötigt wird? Was meinen Sie: Kennen Sie in Ihrer Abteilung oder Ihrem Umfeld tatsächlich alle Kompetenzen Ihrer Mitarbeiter*innen und wissen Sie, wie Sie voneinander profitieren können?

Mein Tipp Gehen Sie achtsam mit sich um und entwickeln Sie eine eigene Strategie, um den Weg hinaus aus der Komfortzone gut zu überstehen:

- Machen Sie Komplexes verständlich. Zerlegen Sie Ihre größte Herausforderung in schaffbare kleine Herausforderungen und überlegen Sie sich, wie Sie den Weg der Selbstentwicklung am besten bestreiten können: Haben Sie bereits selbst Ideen, wie Sie dorthin kommen können? Helfen Bücher, Artikel oder Gespräche mit Kolleg*innen und Bekannten?
- Probieren Sie neue Dinge aus und machen Sie sich klar, dass nur, weil sich etwas erst einmal neu und schwierig anfühlt, es nicht falsch oder nicht für Sie geeignet sein muss. Seien Sie mutig! Oft sind es schon kleine Dinge, die Großes bewirken können. Wichtig: Schauen Sie regelmäßig drauf, ob sie wirksam sind.
- An vielen Stellen ist auch Coaching im Alltag ein probates Mittel der Wahl. Die Interne Kommunikation oder auch der HR-Bereich sind hier meist Treiber*innen des Prozesses, manchmal benötigen aber auch die Kolleg*innen selbst ein Coaching, um den neuen Rollen gerecht zu werden. Nicht immer ist ein Coaching im Budget, aber scheuen Sie sich nicht, das Thema anzusprechen.
- Welche Voraussetzungen sollten wir mitbringen, damit Coachings eine Aussicht auf Erfolg haben? In erster Linie die Bereitschaft, an uns selbst zu arbeiten. Und gewohnte Denk- und Handlungsmuster zu hinterfragen und, wenn nötig, durchbrechen zu können.
- Sehen Sie Ihre Entwicklung positiv: Zu verstehen, was Sie mit Kommunikation erreichen können und warum Sie bisher handelten, wie Sie handelten, kann äußerst hilfreich sein: In welchen Situationen gerate ich schnell an meine Grenzen und warum? Welche Eigenschaften und Stärken können mir helfen auf dem Weg? Und wo schwäche ich mich vielleicht immer wieder selbst?

Am Ende des Weges stehen Selbsterkenntnis und eigenes Wachstum, das Sie für Ihre Kommunikationsaufgaben stärkt. Sie wissen, was Sie warum tun und sagen möchten und wie es Ihnen mithilfe von Kommunikation gelingen kann, Ihr eigenes Potenzial und das Ihrer Mitarbeitenden voll auszuschöpfen.

Ein Tipp aus dem Alltag: Warten Sie nicht zu lange, bis Sie sich Unterstützung holen, damit Sie nicht von der Lern- in die Panikzone rutschen. Es wäre schade um die eingesetzte Zeit und Energie. Außerdem erweitert ein Coaching den Horizont und zeigt Perspektiven auf, die Ihnen sonst vielleicht nicht in den Sinn gekommen wären.

2.5 Wie wollen wir arbeiten?

Sie ahnen es sicher: Die eine passende Antwort auf diese Frage gibt es nicht. Jeder Mensch und jede Organisation beantwortet sie anders.

Den Digital Natives war es schon immer klar, alle anderen wissen es seit geraumer Zeit: Für digitale Arbeit benötigen wir keinen festen Standort. Mit der passenden technischen Ausstattung und einer funktionierenden Internetverbindung können wir remote (aus der Ferne) völlig problemlos allein oder im Team arbeiten. Zunächst galt dies als attraktives Extra, das Mitarbeitende in Agenturen für einen bestimmten Zeitraum (3 Monate Südamerika, 8 h Arbeit, dann surfen), häufig unter den neidischen Blicken der Kolleg*innen, gewährt wurde.

Für Digital Natives war Remote Work kein Extra, sondern eine Selbstverständlichkeit und das Einverständnis des Arbeitgebers galt als Formsache. Es entsprach (und entspricht) ihrem Lebensgefühl und ihrem Wunsch nach Eigenständigkeit, Mobilität und Abwechslung.

In der Vergangenheit wurde Remote Work (wozu auch das Arbeiten im Homeoffice zählt) nur von Menschen praktiziert, die dazu eine hohe Affinität hatten. Teams waren also Gruppen von Gleichgesinnten, die per Chat mit dem/der Entwickler*in in Indien so gut kommunizieren konnten wie mit dem/der Designer*in nebenan. Egal, ob man selbst gerade zu Hause, im Büro oder vorübergehend in einer anderen Stadt oder einem anderen Land war. Relevant waren neben der Erreichbarkeit und der Verfügbarkeit nur die Ergebnisse. Ein Wirgefühl ergab sich aus diesem gemeinsam gelebten Mindset.

Mit dem Extra von einst hat Remote Work nichts mehr zu tun. Konnten sich Unternehmen den zunächst eher skeptisch beurteilten

Trend in den vergangenen Jahren noch mit dem Verweis auf Homeoffice- und Telearbeitsplatzgesetz, Datenschutz oder anderen Argumenten vom Hals halten, hat die COVID-19-Pandemie Remote Work nun zum „New Normal" erklärt. Wobei viele Unternehmen noch mit dem „Normal" in „New Normal" ringen. Denn die Teams, die heute auf hybride Arbeit umstellen, haben weder ein digitales Mindset noch die nötigen Skills oder auch nur die Offenheit hierzu. Hinzu kommt ein noch immer latent (oder offen) vorhandenes Misstrauen seitens der Arbeitgeber*innen. Sie fürchten den Kontrollverlust.

Für Führungskräfte ergibt sich hieraus im ersten Moment eine völlig neue Gemengelage aus unterschiedlichen Herausforderungen, beginnend bei unzureichender Technik und Räumen, die die neuen Anforderungen nicht erfüllen, gefolgt von mangelndem Verständnis, Versäumnissen in puncto Kultur und unterschiedlichen Mindsets bis hin zu aktiver Gegenwehr und Kündigungen seitens der Betroffenen. Was es dann braucht, ist ein strategisches Vorgehen und ein immer wieder nachgeschärfter Fokus auf das, was für die kommenden Wochen von Bedeutung ist.

2.6 Das Wesen hybrider Teams

Mitarbeitende in hybriden Teams entscheiden selbst, an welchem Ort sie arbeiten möchten. Drei Kommunikationsszenarien ergeben sich daraus: Team-Mitglieder können gleichzeitig (synchron) an einem Ort, gleichzeitig an unterschiedlichen Orten oder zu unterschiedlichen Zeiten (asynchron) an unterschiedlichen Orten arbeiten.

Führungskräfte sehen sich hier mit völlig veränderten Anforderungen an ihre Führungskompetenz konfrontiert, denn kaum ein Team ist zu 100 % auf diese Art der Arbeit vorbereitet. Dass traditionell orientierte Führungskräfte das beängstigend finden, ist verständlich. Hier möge sich jede*r ermuntert fühlen, den Weg als eigenen Entwicklungsprozess anzuerkennen und mit dem Team individuell passende und „ressourcenschonende" Lösungsansätze zu finden.

Meetings in hybriden Teams benötigen eine andere Vorbereitung und Durchführung. Tipps dazu lesen Sie unter Abschn. 2.9.

2.7 Die Struktur eines digitalen Arbeitsplatzes

Wie digitale Zusammenarbeit funktioniert

Digitale Arbeitsplätze haben viele neuralgische Punkte, an denen es zu Reibung und Verlust von Informationen, Energie oder Geschwindigkeit kommen kann. Ein guter digitaler Arbeitsplatz darf deshalb Vieles können: Teammitglieder zusammenbringen, Arbeitsabläufe, Wissensvermittlung, Planung und Terminierung gewährleisten. Übersicht und Orientierung sind ebenso gefragt wie Kommunikation und auch der persönliche Austausch ist essenziell. Und bei allen technischen Themen dürfen wir berücksichtigen, dass „ein Team" nun mal aus Menschen besteht und das soziale Miteinander mitgedacht werden sollte.

Um all dies abbilden zu können, empfehle ich, diese vier Segmente zu berücksichtigen:

Kultur Kulturelle Aspekte betreffen sowohl Themen der kommunikativen Begleitung als auch Führungsverantwortlichkeiten, die mit Prozessen auf dem Weg zum digitalen Arbeitsplatz einhergehen. All diese sollten für den optimalen digitalen Arbeitsplatz so aufgesetzt sein, dass Austausch gefördert wird. Mögliche kritische Themen müssen angesprochen und das Feedback der Mitarbeitenden gehört werden. Ziel sollte es sein, die Mitarbeiterinnen und Mitarbeiter zu Corporate Influencern werden zu lassen, die die Kultur des Unternehmens auch nach außen spiegeln.

Technik Entscheidend für die Wahl der passenden Technologie ist die Analyse dessen, wie die Mitarbeitenden und Teams zusammenarbeiten wollen. Welche Tools und welches Know-how werden gebraucht, um Kollaboration und Austausch in Echtzeit zu ermöglichen? Welche Lösung bedient die Anforderungen, ohne zu komplex zu sein? An der Stelle sei auch die Frage erlaubt, ob alle die gleichen Tools nutzen sollten oder ob sie sich diese, vielleicht abhängig von ihren unterschiedlichen Anforderungen und Bedürfnissen, aussuchen dürfen. Die Möglichkeiten guter hybrider und asynchroner Arbeit sind für Unternehmen divers und erfolgskritisch.

Bitte bedenken Sie auf Ihrem Weg hin zum Digital Workplace: Es ist einer der größten Change-Prozesse Ihres Unternehmens – also begleiten Sie ihn mit allen kommunikativen Möglichkeiten, die Ihnen zur Verfügung stehen.

Raum Der digitale Arbeitsplatz ist, anders als der Name vermuten lässt, keine rein digitale Lösung. Vielmehr benötigt auch er einen „Raum" im übertragenen Sinn, der seine Funktion überhaupt erst möglich macht. Dieser fördert motivierende Zusammenarbeit und berücksichtigt analoge und digitale Arbeitsraumkonzepte gleichermaßen. Während Räume in der analogen Welt einfache Anforderungen zu erfüllen haben, etwa Licht, Standort, Ruhe, Kollaboration usw., muss der digitale Arbeitsplatz die genannten plus den digitalen Raum bereitstellen. Natürlich gilt all das ebenso für das Firmenbüro wie auch das Homeoffice.

Hybrid Hybride Meetings, Veranstaltungen und Team-Building-Maßnahmen sind weder nur mit analogen noch nur mit digitalen Konzepten zum Erfolg zu führen – sie benötigen eine ganz eigene Herangehensweise. Neben den zuvor genannten Räumen müssen auch die Voraussetzungen für ein Gleichgewicht zwischen analog und digital geschaffen werden. Sind in einem Meeting etwa drei Kolleg*innen in einem Raum vor Ort und vier weitere im Homeoffice, wird die Kommunikation der Mitarbeiter*innen vor Ort anders verlaufen können als im Homeoffice. Hier eine für alle transparente Gleichberechtigung herzustellen ist u. a. auch Aufgabe der Unternehmenskultur.

Beachten und berücksichtigen Unternehmen diese vier Aspekte, dann funktioniert das Teamwork auch über digitale Arbeitsplätze hervorragend – und verbindet das Beste aus der analogen und der digitalen Welt.

2.8 Skill Sets im Rahmen von New Work

Ein vertrauensvolles Miteinander und verlässliche Absprachen sind erfolgskritische Faktoren für Arbeitsbeziehungen, die im Rahmen von New Work entstehen. Viele der ursprünglichen „Sicherungselemente", die uns die Kommunikation im persönlichen Austausch erleichtern, fallen weg. Dazu gehören große Teile des Tonfalls, der Körpersprache und der Mimik. Für die Kommunikation untereinander entstehen so neue Regeln und das Miteinander darf neu gedacht werden. Teams müssen lernen, wie die Kommunikation wertschätzend, respekt- und vertrauensvoll, vielleicht sogar „blind“ funktionieren kann, auch wenn sie nur über Monitore und Mikrofone stattfinden kann. Teams sollten für diese neue Art der gemeinsamen Arbeit besonders befähigt werden.

Eine Studie von marketagent (im Auftrag von XING) aus dem Februar 2021 unter Mitarbeitenden in Deutschland und Österreich identifizierte folgende Skills als die relevantesten:

- Bereitschaft, Neues zu lernen
- Kommunikationsfähigkeit
- Leistungsbereitschaft
- Fähigkeit, mit unterschiedlichen Menschen zusammenarbeiten zu können
- Anpassungsfähigkeit
- Fairness
- Kritikfähigkeit
- Veränderungsbereitschaft/mentale Flexibilität
- Konfliktfähigkeit
- Selbstmanagement

Interessanterweise wurde das Führen ohne Vorgesetztenfunktion (laterale Führung) von den deutschen Befragten als am wenigsten wichtig eingeschätzt – und bildet damit das Schlusslicht des insgesamt 21 Punkte umfassenden Rankings. Dies legt nahe, dass Beschäftigte noch immer eine spürbare Führung bevorzugen, auch wenn es um die Arbeitswelt der Zukunft geht.

Das Konzept New Work mit all seinen Facetten ist kein Zustand, den Unternehmen über Nacht lernen und implementieren können. Alle Bestandteile sind Lernfelder, die individuell unterschiedlich ausgeprägt sind. Einige gehen sicher schneller, andere werden länger brauchen.

Bitte beachten Sie, dass diese Skills für Führungskräfte und Mitarbeitende gleichermaßen gelten. Vieles kann beim Erlernen dieser Fähigkeiten aktiv von der IK begleitet werden, etwa durch das Einbinden in die Unternehmenskultur und durch Entwicklungsprozesse[1].

2.9 Das Wir-Gefühl in hybriden Teams

Erfolgreiche sogenannte „High-Performing-Teams" zeichnen sich durch ein hohes Maß an Zusammenhalt und ein starkes Wir-Gefühl aus. Wie aber entsteht ein Gemeinschaftsgefühl, wenn wir die Kolleg*innen nur auf dem Bildschirm sehen? Wie halten wir guten und persönlichen Kontakt und was brauchen wir als Menschen und als Team, um auf Distanz gut zusammenzuarbeiten?

Das Bedürfnis nach Gemeinschaft ist uns in die Wiege gelegt, also suchen wir danach – im Job, in der Freizeit, in der Familie. Gemeinschaft kann dann entstehen, wenn Menschen gleiche Ziele verfolgen, gleiche Werte teilen, sich mit den gleichen Themen identifizieren können.

In vielen Teams herrscht ein Mix aus Menschen mit ausgeprägtem digitalen Mindset und solchen mit lange gepflegtem analogen Mindset. Beide Gruppen müssen eine gemeinsame und gleichwertige Employee Experience erhalten. Kommen junge Generationen hinzu, wird das digitale Mindset langsam, aber sicher die Oberhand gewinnen.

Für Unternehmen ergeben sich drei Herausforderungen: Sie müssen einen verbindenden Ort schaffen, der nicht zwangsläufig der physische Arbeitsplatz ist. Vielleicht helfen schon einige der oben beschriebenen Tipps. Sie müssen Identifikation über Kommunikation herstellen. Sie müssen an den Entwicklungen der neuen Arbeitswelten dranbleiben, um im Wettbewerb um Talente ausreichend attraktiv zu sein.

---

[1] https://nwx.new-work.se/themenwelten/gesellschaft/new-skills-fur-new-work-das-sind-die-job-kompetenzen-der-zukunft.

2.9.1 Tipps für eine starke Teamkultur

Kultur ist organisationsübergreifend ein immens wichtiges Thema. Arbeiten Sie im Rahmen Ihres New Work allerdings mit hybriden Teams, wird es noch relevanter und benötigt viel Aufmerksamkeit. Achten Sie auf Folgendes:

Gemeinsame Werte entwickeln und gestalten
Werte und Ziele sind starke Aspekte des Wirgefühls. Werden diese in der Gruppe gemeinsam definiert und verbindlich ausgestaltet, wird die Verbindung spürbarer. Positive Erfahrungen und Selbstwirksamkeit führen zu Identifikation und echtem Commitment.

Gemeinsame Regeln vereinbaren
Teams können und sollten gemeinsam festlegen, was ihnen wichtig ist. Dazu gehören Dauerbrenner wie die Pünktlichkeit in Meetings, Anwesenheit bei Check-ins usw. aber auch wertebasiertes Handeln, bspw. Ehrlichkeit und Transparenz in Kundengesprächen.

Gemeinsame Rituale pflegen
In hybriden Räumen ergeben sich keine zufälligen Gelegenheiten und Gespräche – sie müssen geschaffen werden. Möglich sind Coffee-Dates, digitale Mittagstreffen, Learning Lunches oder Walk & Talk-Spaziergänge. Hybride Rituale sind den Präsenzformaten nicht unähnlich, nur eben digital.

Auf Gleichberechtigung achten
Arbeiten Teams asynchron an unterschiedlichen Orten, ist auf Gleichberechtigung zu achten. Im Büro Anwesende können persönlich sprechen, während die anderen Teammitglieder an unterschiedlichen Orten digital zugeschaltet sind. In diesem Fall könnte sich etwa jedes Teammitglied von seinem eigenen Rechner aus einwählen. Mischformen, wenn bspw. nur ein Teil des Teams räumlich zusammen ist, können leicht zu Missverständnissen und Irritation führen.

Miteinander reden
Kurze Feedbackgespräche als wöchentliches Check-in und -out können dabei helfen, den gemeinsamen Fokus nicht aus den Augen zu verlieren.

Das Wir feiern
Die meisten Teams feiern sich zu wenig, vielleicht ist es bei Ihnen auch so? Gemeinsame Erlebnisse schaffen Zusammenhalt. Nicht umsonst setzen mehr und mehr Unternehmen auf Wellness-Manager*innen, die nun noch Unterstützung von Event-Manager*innen erhalten. Diese konzipieren, planen und organisieren Präsenztreffen und sorgen dafür, dass diese perfekt verlaufen. Denn diese persönlichen Treffen sind wichtig für das Team als Ganzes. Angenehme gemeinsame Erlebnisse führen zu mehr Wohlbefinden, Begeisterung und Engagement und sorgen für mehr Fokus auf das, was gut gelaufen ist.

Konflikte konstruktiv bearbeiten
Konflikte, die in Präsenzsituationen sofort erkennbar sind, bleiben in der digitalen Zusammenarbeit oft verborgen und entwickeln schlimmstenfalls eine unerwünschte Eigendynamik. Wir raten deshalb unbedingt zu viel Proaktivität.

Schulungen in gewaltfreier Kommunikation können hilfreich sein. Auch Projekt-Retros und Teammeetings sind gute Hilfsmittel, um Konflikte oder Störer sichtbar zu machen. Womöglich können sie dort auch schon direkt gelöst werden. Um Verbindlichkeit herzustellen, kann der bewusste, konstruktive und wertschätzende Umgang mit Konflikten in die Teamvereinbarungen aufgenommen werden.

Technik nutzen
Teams können gemeinsam überlegen, welche Kanäle sie für welche Art des Austauschs verwenden möchten. Nutzen wir für gemeinsame Brainstorming-Termine lieber Miro oder Conceptboard? Tauschen wir private Messages über Teams oder verwenden wir dafür einen anderen Kanal? Oder benötigen wir ein Miro/Trello/anderes Board vielleicht für die Strukturierung unserer Meetings?

Zusammenarbeit fördern
Für den Austausch mit lockeren Kontakten, die man auf dem Flur oder in der Kantine getroffen hätte, fehlt remote die Gelegenheit. Es droht eine Silo-Bildung. Hier können Random-Coffee-Dates und Tandembesetzungen Abhilfe schaffen. Im Tandem werden zwei Personen (bspw. Person A und B) dann in überlappenden Arbeitsbereichen eingesetzt (bspw. Person B mit Person C). Auf diese Weise findet mehr Kommunikation im Team statt und die Gefahr von Wissens-Silos wird reduziert.

Teamintern kann ein offener Teams-/Zoom-/Skype-Kanal helfen. Zwar sitzen die Kolleg*innen dann auch nicht am Tisch gegenüber, aber ein offenes Mikrofon und Kamera fördern das Gefühl des gemeinschaftlichen Arbeitens.

Unabhängig davon, wie viel hybrides Arbeiten im Unternehmen aktuell geplant oder bereits umgesetzt wird – es lohnt sich, ein Team aus Interner Kommunikation, IT, HR und Change Management (wenn vorhanden) zusammenzustellen, das sich den hybriden Herausforderungen stellt, sie antizipiert, aus ersten Erfahrungen aufnimmt und Lösungen erarbeitet.

2.9.2 Exkurs: New Work

Nun haben wir in diesem Kapitel viel über New Work gesprochen. Da wird es Zeit für eine kleine Einordnung. New Work – Sie merken es vielleicht – begeistert mich sehr. Wie kaum eine andere Entwicklung zuvor bietet es uns die Möglichkeit, alle Welten miteinander zu verschmelzen: die räumliche in hybriden Arbeitsumgebungen, die organisatorische in agilen Teams und nicht zuletzt auch die persönliche. Denn für viele Menschen macht es durchaus einen Unterschied, von wo aus sie arbeiten können und wie gut sich Work und Life in Balance befinden.

Schöpfer des New-Work-Modells ist der deutsch-amerikanische Sozialphilosoph Frithjof Bergmann. Er entwarf in den 1980er-Jahren ein Gegenmodell zu Sozialismus und Kapitalismus. Seine Idee: eine

Arbeit, die die Menschen nicht auslaugt. Vielmehr verleiht sie Vitalität und Kraft und ist sinnstiftend. Es sollte eine Arbeit sein, die die Menschen als ihre Berufung erfahren. Eine wunderbare Vorstellung, finden Sie nicht auch?

Er benannte fünf Prinzipien, die das neue Arbeiten prägen sollten. Es hilft, sich diese immer einmal wieder anzuschauen und zu prüfen, ob sie im Alltag noch den nötigen Raum bekommen:

Freiheit
Zukunft entwickelt man durch Neugier und Vertrauen, mit einer aktiven Auseinandersetzung mit neuen Ideen. Etwa durch

- Experimentierräume,
- eine Fehlerkultur,
- Vernetzung.

Selbstverantwortung
Partizipation kostet Zeit, die nicht immer vorhanden ist. Es hilft, die Selbstverantwortung von Führungskräften und Mitarbeitenden gezielt zu fördern. Etwa durch Selbstorganisation, Budget-Autorität oder Beteiligungsmodelle.

Sinn
Werden Mitarbeitende an der Sinnfindung, dem Purpose, beteiligt, steigen ihre Identifikation und ihre Zufriedenheit, etwa durch die gemeinsame Definition des Purpose und eine entsprechende Gestaltung des Alltags.

Entwicklung
Organisationen brauchen Innovationen. New-Work-Organisationen befähigen ihre Mitarbeitenden darin, kreativ zu werden, etwa durch Lern- und Entscheidungsstrukturen.

Soziale Verantwortung
Jede Organisation hat ein soziales Umfeld. Das Miteinander und die Verbundenheit mit der Gesellschaft vor Ort kann gestärkt werden, etwa durch nachhaltiges Wirtschaften oder regionales Engagement.

All diese Prinzipien haben Auswirkungen auf die Inhalte, die Kanäle und die Art und Weise, wie Unternehmen ihre Interne Kommunikation strukturieren sollten. Jedes Unternehmen definiert New Work für sich ganz individuell. Sicher aber ist: New Work ist ein Transformationsprozess, der viele Bereiche eines Unternehmens betrifft und von der IK intensiv kommunikativ begleitet werden muss.

Ein Tipp zum Schluss Seien Sie ehrlich mit sich selbst und mit Ihrer Organisation. Vielleicht gibt es Unternehmen, Teams und Umstände, zu denen eine agile Arbeitsweise schlicht nicht passt. Und: Schließen Sie bitte auch nichts im Vorfeld aus. Setzen Sie Pilot-Abteilungen an die Erprobung und evaluieren Sie gemeinsam die Ergebnisse. In vielen Fällen helfen die Anwendungsbeispiele und die ersten kleinen Erfolgsstorys schon, um Offenheit zu fördern und Ängste auszuräumen.Tatsächlich ist New Work ist aus den allermeisten Unternehmen nicht mehr wegzudenken. Dennoch ist die damit einhergehende Freiheit nicht allen Arbeitgebern und auch nicht allen Arbeitnehmern geheuer.

3

Die IK strategisch denken

Ein Beispiel aus der Praxis

Yvonne M. ist sich nicht sicher, wie sie am besten mit den lauter werdenden Fragen der Kollegen umgehen sollte. Die Leiterin der Kommunikationsabteilung eines international tätigen Maschinenbaukonzerns hatte sich bei der Umgestaltung der IK von Trends leiten lassen, die sie auf Tagungen in den letzten Monaten kennengelernt hatte: Die Mitarbeiterzeitschrift hatte sie abgeschafft, eine App ins Leben gerufen und das Intranet deutlich mehr auf Dialog ausgerichtet.

Warum aber wird nun seitdem immer wieder Kritik laut an diesen Entscheidungen? Und warum fragen sie die Kollegen, wie sie die Schritte begründen könne? Nein, das konnte sie weder nachvollziehen noch verstehen. Es war doch klar, dass sie als Branchenführer mit der Zeit gehen und ihre Strömungen aufgreifen müssten. Und die habe sie nun eben als Grundlage der Veränderungen genommen.

Warum sie nicht gefragt worden seien, was sie brauchen würden und was helfen könnte im Alltag, hatten sich einige Kollegen aus der Produktion vor Kurzem per Mail beklagt. Sie hätten sich gewünscht, dass die Mitarbeiterzeitschrift bestehen bliebe, sich aber Inhalt und Frequenz änderten. Und dass vor allem die Geschäftsleitung nahbarer und sichtbarer im Alltag werde. Dafür hätte es andere, persönliche Formate gebraucht und nicht die Etablierung neuer digitaler Tools, so die Meinung der Kollegen.

A. Montua, *Führungsaufgabe Interne Kommunikation*,
https://doi.org/10.1007/978-3-658-41715-4_3

Yvonne M. ist mehr als überrascht: Eine Befragung bei den Mitarbeitern durchführen? Nur weil sie die Interne Kommunikation neu aufstellen wollte? Das wäre ihr tatsächlich nicht im Traum eingefallen. Mal ganz abgesehen von dem Aufwand und der Zeit, die dann ins Land gegangen wären. Aus ihrer Sicht brauchte es schnelle Veränderungen und diese Schnelligkeit wäre so nicht erreichbar gewesen. Außerdem wusste sie doch von den Tagungen, was es im Unternehmen brauchen würde.

Als dann schließlich auch noch die Geschäftsführung kritisch nachfragt, welche Strategie sie denn mit ihren eingeleiteten Maßnahmen verfolgen würde und ob diese auf die Unternehmensziele und die neu entwickelte Vision einzahlen würden – da war die Verwirrung bei ihr komplett. Zumindest von dieser Stelle hätte sie mit bedingungsloser Unterstützung gerechnet, denn auf eine Digitalisierung des Marktes müsse doch auch in der Internen Kommunikation mit den entsprechenden Tools reagiert werden.

In vielen Unternehmen ist die (Interne) Kommunikation bereits fester Bestandteil der Unternehmensstrategie. Dahinter steht der Wunsch, geplante Veränderungen adäquat kommunizieren zu können und den Kommunikationsbereich langfristig planvoll aufzustellen. Die Interne Kommunikation darf und sollte Teil des Veränderungsweges sein und zu den Abläufen im Unternehmen passen.

Neben den Themen des Unternehmens sollten auch gesellschaftliche Trends im Auge behalten und berücksichtigt werden. Die Interne Kommunikation macht die externen Aktivitäten des Unternehmens im Inneren erfahrbar und zahlt so auf Unternehmensreputation und Employer Branding ein. Sie hilft zudem, gesellschaftliche Trends einzuordnen, Haltung zu entwickeln und zu zeigen. Arbeitet sie auf Basis des Unternehmensleitbildes, führt das dazu, dass Mitarbeitende sich als ein Teil einer Gruppe Gleichgesinnter erfahren, ihr Wirgefühl wird gestärkt. Sie bindet langfristig ans Unternehmen und unterstützt dessen Ziele, indem sie diese für Führungskräfte und Mitarbeiter kommunikativ aufbereitet und erfahrbar macht.

Informationsflüsse und Entwicklungen beschleunigen sich radikal. Das gilt auch für die Arbeitsprozesse und den Umgang mit Medien. Tools und Standards, die im privaten Alltag bereits „gelernt“ sind, werden auch im Unternehmenskontext erwartet. Und für viele Menschen ist die Frage nach Sinn und Nachhaltigkeit von weitaus größerer Bedeutung als die Höhe des Gehalts und die Menge an Statussymbolen.

All diese gesellschaftlichen Entwicklungen und auch Trend-Phänomene (s. Kap. 10) berücksichtigt eine langfristig angelegte und strategisch orientierte Interne Kommunikation. Die Interne Kommunikation hat das große Ganze ebenso im Blick wie die operative Umsetzung von Maßnahmen und Tools. An ihr führt kein Weg vorbei.

Doch was genau ist unter der Forderung zu verstehen, die Interne Kommunikation in einem Unternehmen strategisch aufzustellen? Welche Schritte sind sinnvoll und notwendig, um Fragen von Geschäftsführung und Kollegium künftig mit einem „Deshalb!" statt mit einem Schulterzucken beantworten zu können?

Eine strategische Planung der Internen Kommunikation meint:

- die Planung an den Unternehmenszielen und der Vision des Unternehmens zu orientieren – immer mit Blick auf das große Ganze
- Zielgruppen und deren Bedürfnisse zu kennen
- Medienmix und Inhalte auf die Bedürfnisse abzustimmen
- messbare Ziele zu definieren und alle Maßnahmen an ihnen zu orientieren
- die Strategie regelmäßig zu hinterfragen und nachzujustieren

3.1 In 5 Schritten zur IK-Strategie

Der Weg hin zu einer strategischen Internen Kommunikation umfasst fünf Schritte. Jeder für sich genommen ist für eine erfolgreiche Umsetzung der Strategie relevant. Alle zusammengenommen entfalten ihre Wirkkraft optimal.

3.1.1 Schritt 1: Der Ist-Zustand

Sie haben sich entschieden, Ihre IK zu optimieren, und benötigen dafür im ersten Schritt einen Überblick über den Status quo in Ihrem Unternehmen.

Erst wenn Sie die Stärken Ihres bisherigen Tuns und Ihre Schwächen klar erkennen und ehrlich thematisieren, können Sie am Ende passende und sinnvolle Maßnahmen entwickeln. Bezogen auf Ihre Ressourcen – also Budget, Zeit und Personal – sollte in Ihrem Strategieprozess die Analyse den Löwenanteil ausmachen.

Bevor Sie starten, stellen Sie sich und den Prozessbeteiligten bitte folgende Fragen:

- Wie lautet meine konkrete Fragestellung bei dieser Analyse?
- Wie viele Ressourcen stehen uns zur Verfügung?
- Welchen Mindestumfang braucht die Analyse, um repräsentativ zu sein?
- Wollen wir die Analyse outsourcen, um einen möglichst neutralen Blick auf unsere Interne Kommunikation zu erhalten?
- Kann ich/mein Unternehmen offene/kritische Antworten aushalten?
- Erhalte ich ehrliche Antworten, wenn ich auf Anonymität verzichten möchte?
- Wie ordne ich eine Befragung in der Kommunikation strategisch ein, damit sie nicht für Unruhe im Unternehmen sorgt? Wann ist der richtige Zeitpunkt?
- Habe ich die Möglichkeit, aufgrund des Feedbacks Änderungen vorzunehmen?

Starten Sie mit der Analyse, indem Sie den Status quo Ihrer internen Medien, Inhalte und Formate dokumentieren: Welche Tools werden derzeit mit welcher Häufigkeit eingesetzt? Und welche Zielgruppen erreichen Sie damit genau? Welcher inhaltlichen und optischen Logik folgen die Formate und Instrumente? Wie ist Ihre Unternehmenskultur beschaffen und passen die Instrumente dazu?

Wenn es im nächsten Schritt um die Zielgruppen und deren Bedürfnisse geht, sollten Sie auf kürzlich erfolgte Mitarbeiterumfragen zurückgreifen und bei Bedarf zusätzliche Analyseinstrumente einsetzen, wie etwa Fokusgruppengespräche oder Umfragen. Werten Sie dabei alle Analysekriterien aus, denn nur wenn Sie am Ende dieser Phase wissen, von welchem Ist-Zustand Sie starten, können Sie auch eine passende Strategie entwickeln und Ergebnisse evaluieren (s. Kap. 7).

Unsere Tipps

- Verzichten Sie auf beeinflussende Fragen oder Suggestivfragen.
- Nutzen Sie keine Fragetools, die nicht zu den Vorlieben und Gewohnheiten der Zielgruppe passen. Vermissen Sie beispielsweise Partizipation im Intranet, empfiehlt es sich, diese Umfrage nicht ausgerechnet über das Intranet laufen zu lassen.
- Bitte kein „Window Dressing". Alibi-Befragungen, die einsam von der Geschäftsführung getroffene Maßnahmen im Nachhinein legitimieren sollen, werden schnell als solche identifiziert.
- Vermeiden Sie, noch während der Analysephase Bewertungen zu treffen. Konzentrieren Sie sich ausschließlich auf die Bestandsaufnahmen.

3.1.1.1 Möglichkeiten zur Zieldefinition

SMART

Eine effektive Methode für die optimale Zielsetzung bei gemeinsamen Vereinbarungen ist die SMART-Formel. Ein so entwickeltes Ziel ist durch die folgenden Merkmale gekennzeichnet:

S – Spezifisch
Ziele sollten so präzise wie möglich formuliert sein. Worauf genau bezieht sich Ihr Ziel? Welche Details gehören dazu? Gibt es Einschränkungen?

M – Messbar
Welche angestrebten Resultate in Form von konkreten, messbaren Kriterien (z. B. Zahlen) können festgelegt oder als Ereignisse formuliert werden? Woran erkennen alle Beteiligten, dass sie am Ziel angekommen sind?

A – Attraktiv
Damit wir ein Ziel „mit jeder Faser unseres Herzens" erreichen möchten, sollte es so viel emotionale Attraktivität wie möglich ausstrahlen. Vorhandene Ressourcen und gesetzte Ziele sollten

zusammenpassen – nur auf Basis gemeinsamer Zielvorstellungen kann eine entsprechende Motivation aller Beteiligten ausgelöst werden. Außerdem gilt es exakt festzuhalten, mit welchen Maßnahmen das Ziel erreicht werden kann.

R – Realistisch
Ist das, was wir uns als Ziel gesteckt haben, wirklich realistisch und erreichbar? Gibt es andere Ziele, die diesem im Wege stehen? Haben wir genug Ressourcen (Zeit, Personal und Budget), um das Ziel zu erreichen?

T – Terminiert
Definieren Sie Ihr Ziele mit einem eindeutigen Termin: Bis wann wollen Sie es erreicht haben? Und ab wann soll die Zielerreichung gemessen werden? Welche klar bestimmbaren Zwischenziele gibt es?

Wie man mit der SMART-Methode von einem allgemeinen zu einem messbaren Ziel kommt, lässt sich am besten an einem praxisnahen Beispiel verdeutlichen:

Ausgangspunkt ist eine Formulierung, die sich im Allgemeinen verliert, die Sie aber sicher aus vielen Unternehmen kennen: „Die Mitarbeiter sollen sich besser informiert fühlen."

SMART formuliert, lautet das Ziel hingegen so: Bis zum Ende des Jahres sind alle Mitarbeiter mithilfe der Internen Kommunikationsmedien und über ihre Vorgesetzten zu den definierten Eckpfeilern des Transformationsprozesses informiert. Mindestens 80 % der Mitarbeiter befürworten den Prozess und unterstützen ihn aktiv.

Erkennen Sie den Unterschied, den diese neue Formulierung macht? Sehen Sie, wie viel klarer die Aussage ist und wie viel besser Sie und die Kollegen nun im nächsten Schritt an der Zielerfüllung arbeiten können?

Etwas weniger verbreitet, um Ziele fokussiert zu formulieren, sind die Formeln CLEAR (Challenging, Legal, Exciting, Agreed, Recorded) und PURE (Positively Stated, Understood, Realistic, Ethical).

3.1.1.2 Erfolge messen mit Kennzahlen/KPI

Kennzahlen und KPI (Key Performance Indicators) gibt es in fast jedem Unternehmen. Nicht selten wird ihnen so viel Aufmerksamkeit geschenkt, dass sie fälschlicherweise selbst als Ziele aufgefasst werden. Eigentlich dienen sie vor allem als Messgrößen, anhand derer ermittelt werden kann, inwieweit ein Ziel erreicht wurde oder voraussichtlich erreicht wird.

Key Performance Indicators (KPI) etwa zeigen den Erfüllungsgrad strategisch wichtiger Ziele im Unternehmen an und bieten so eine solide Grundlage zur Bewertung der Unternehmensleistung. Zunächst müssen also die strategischen Ziele bestimmt werden, erst dann können daraus relevante KPI abgeleitet werden.

Beispiele für klassische KPI

Im nächsten Schritt gilt es nun, KPI zu definieren, die uns für einen längeren Zeitraum dazu dienen können, ein transparentes Bild Ihrer Internen Kommunikation zu erhalten und bei deren Optimierung zu helfen. Wichtig: KPI sind immer an bestimmte vorher festgelegte Ziele gekoppelt.

Quantitative KPI

- Besucherzahlen, Klickraten, Downloads im Intranet
- Geschwindigkeit beim Finden von Inhalten, Anzahl abonnierter Blogs, Beteiligung an Foren
- Anzahl der Kommentare
- Veranstaltungen: Besucherzahlen, Grad der Interaktivität und Anzahl an Mitarbeitenden, die durch die Nachberichterstattung erreicht wurden
- Feedback-Rate
- Mitarbeiterzeitschrift: Anzahl gedruckter oder mitgenommener Exemplare
- Klicks auf E-Newsletter, Lese- und Verweildauer auf Artikeln
- Fluktuation im Unternehmen

Qualitative KPI

- Informations- und Kommunikationsverhalten von Führungskräften
- Zufriedenheit der Mitarbeiter und Führungskräfte mit der Internen Kommunikation
- Akzeptanz der IK-Kanäle und -Medien
- Stimmung im Unternehmen

Bitte beachten Sie:
KPI sollten immer einen konkreten Zielwert angeben, der dann über die qualitativen Erhebungen begründet wird. Zudem haben alle Messinstrumente Stärken und Schwächen: Normierte Fragebogen beispielsweise sind – einmal entwickelt – einfach anzuwenden. Sie können immer wieder zum Einsatz kommen, beantworten jedoch die Fragen nach dem „Warum sind die Zahlen, wie sie sind?" nicht. Für viele Fragestellungen der Internen Kommunikation sind rein quantitative Befragungen deshalb nicht aussagekräftig genug, um passende Ergebnisse für eine Optimierung zu erhalten. Qualitative Befragungsmethoden wie Fokusgruppengespräche oder Einzelinterviews sollten deshalb die Evaluation immer wieder punktuell unterstützen.

Um am Ende die Kennzahlen nachvollziehbar herleiten zu können, muss klar sein, wann die definierten Kommunikationsziele erreicht sind. Fragen Sie sich: Was ist die eine Kennzahl, die exakt Ihren Wunschstatus abbildet? Diese entscheidende Kennzahl ist für Sie zielrelevant. Und im ersten Schritt nur diese. Andere Kennzahlen können zwar weitere wichtige Erkenntnisse bieten. Ihnen sollte jedoch immer klar sein, welche Kennzahl die maßgeblichste Aussage liefert und wofür diese Aussage nützlich ist.

3.1.1.3 Objectives & Key Results

Eine in immer mehr Unternehmen genutzte Möglichkeit, Ziele festzulegen und zugleich strategische und operative Ziele in Einklang mit den verfügbaren Ressourcen zu bringen, sind Objectives and Key Results (OKR). Mit diesem agilen Framework werden die Ziele des Unternehmens mit denen von Teams und Mitarbeitenden verbunden – stets ausgerichtet an der Vision bzw. dem Leitbild. Der Grundgedanke von OKR beruht auf zwei einfachen Kontrollfragen: „Wo wollen wir hin?“ (Objectives) und „Wie können wir das erreichen?“ (Key Results). Das Besondere an dieser Methode ist, dass sie jedem Team und jedem Einzelnen dabei hilft, einen (gemeinsamen) Fokus zu setzen, Energien zu bündeln und die Zeit zu „sinnvestieren“.

Die Ziele werden hierbei in kurzen Zyklen definiert, üblicherweise für ein Quartal. Dabei sind die Objectives stets die qualitative Beschreibung der nächsten Etappe auf dem Weg zur Erreichung der Vision – positiv, aktivierend, inspirierend und verständlich für alle.

Empfohlen werden zwei bis maximal drei Objectives. Wie wollen wir diese erreichen? Woher wissen wir, ob wir am Ziel sind? Genau dafür werden Key Results formuliert. Sie sind messbar, ergebnisorientiert, unabhängig voneinander erreichbar, ambitioniert, aber realistisch. Key Results sind Ergebnisse – keine Aufgaben, und wenn man diese nicht messen kann, ist es kein gutes Key Result. Sie sind durch das Team umsetzbar. Mehr über Analysen lesen Sie in Kap. 7.

Beispiele für Objectives und Key Results

Objective:	Wir haben ein weiteres Geschäft akquiriert.
Key Result:	1) Wir haben vier neue Kunden im Monat Mai. 2) Unsere Upselling-Rate hat sich um 30 Prozent erhöht.

Oder

Objective:	Unsere Projektlage und Auslastung haben sich positiv entwickelt.
Key Results:	1) Wir haben X neue Projekte gestartet. 2) X Projekte liegen bei einem Auftragsvolumen von größer als Y Euro. 3) Die Rentabilität der Projekte ist um X Prozent im Vergleich zu Y gestiegen.

Weitere Alternativen

Objective:	Wir stärken das Vertrauen in den Teams und fördern die Kommunikation.
Key Results:	1) Steigerung der Trust Rate um X Prozent. 2) Die Anzahl an User-Generated Beiträge beträgt mind. X pro Community. 3) Die Teilnahme an informellen Aktivitäten erhöht sich auf X Prozent.

Objective:	Unsere Zielgruppe hält unsere Inhalte für interessant und qualitativ hochwertig.
Key-Results:	1) Der Durchschnitt an Unique Visitors steigt um X Prozent pro Monat. 2) Die Interaktionsrate erhöht sich von X Prozent auf Y Prozent. 3) Unsere Pipeline an relevanten Geschichten wächst um X Prozent.

Regelmäßig kommen die Teams zusammen, um den Fortschritt zu besprechen, und zwar entlang von drei Leitfragen: Wo stehen wir? Was tun wir, um die OKRs voranzutreiben? Was hindert uns? Ist ein Zyklus beendet, fließen die Erkenntnisse und Erfahrungen in die Planung des nächsten Zyklus ein. Auf diese Weise entsteht eine fortlaufende „Lern-Schleife“ für das Team und für die gesamte Organisation.

Vorteile durch OKRs

OKRs unterstützen Teams und Unternehmen dabei, wichtige strategische Ziele zu formulieren, Transparenz zu schaffen und Alignment in einem strukturierten Rahmen zu „erleben“. Dabei liegt der Fokus auf dem Zielfortschritt. Zudem ist es möglich, in kurzen Zyklen Ziele nachzujustieren und anzupassen – so können Unternehmen sehr flexibel durch turbulente Zeiten steuern. Plus: Der Ansatz setzt auf eine starke Einbindung von Teams und Mitarbeitenden in die Zielfindung.

3.1.2 Schritt 2: Zielgruppe

Jetzt geht es darum, ein möglichst genaues Bild Ihrer Zielgruppen und Ziele für den Prozess zu erhalten. Fragen Sie sich offen und ehrlich:

- Für wen soll sich was geändert haben?
- Wer sind die Zielgruppen? Berücksichtigen Sie alle Gruppen im Unternehmen, auch potenzielle neue Talente, Gesellschafter …
- Wie zeigt sich der Erfolg in Zukunft ganz konkret: für Sie, für die Mitarbeitenden und Führungskräfte und für das gesamte Unternehmen?
- Welche kurz-, mittel- und langfristigen Ziele wollen und können Sie sich setzen, was ist realistisch, erreichbar und verlockend?
- Welchen Wertbeitrag liefert die IK künftig dem Unternehmen?

Nur wenn Sie ein glasklares Bild des Zielzustands vor Augen haben, können Sie Ihre Interne Kommunikation auch strategisch darauf ausrichten. Dann können Sie jeden (neuen) Schritt bei der Umgestaltung entsprechend planen und begründen.

Dieses Vorgehen hat einen weiteren Vorteil: Nur unmissverständliche Ziele lassen sich unmissverständlich kommunizieren. Sie können leichter verdeutlichen, welchen Mehrwert die Interne Kommunikation leistet. So sichern Sie sich die nötigen Budgets und Ressourcen. Klare Ziele helfen Ihnen, Ihre Energie auf das zu fokussieren, was Ihnen und dem Unternehmen in Sachen Interner Kommunikation wirklich wichtig ist.

Hallo, liebe Zielgruppe! Sprechen Sie Ihre Zielgruppen genau an, um Botschaften zu vermitteln. Gehen Sie dazu auf die unterschiedlichen Wünsche der Mitarbeiterinnen und Mitarbeiter ein.

Fragen Sie sich: Was sind die Kriterien, nach denen wir unsere Zielgruppen analysieren und definieren? Vielleicht sind diese hilfreich:

- Welche Rolle spielen bestimmte Zielgruppen für die Interne Kommunikation – wer ist eher aktiv oder passiv, wer eher fördernd oder hemmend?
- Welchen Bedarf haben sie an Information und Dialog?
- Wie sind sie erreichbar – sprachlich, technisch, zeitlich und räumlich?

Die Antworten auf diese Fragen schaffen die Basis für die Entwicklung und Optimierung der Interventionen und Instrumente für Ihre Interne Kommunikation. Lassen Sie uns deshalb einen detaillierteren Blick auf die Kriterien werfen.

1 Die Rolle bestimmter Zielgruppen für Ihre IK
Mitarbeiter interessieren und engagieren sich unterschiedlich stark für die Interne Kommunikation in ihrem Unternehmen. Beim (Neu-)Aufbau Ihrer IK ist es hilfreich zu wissen, welche der Kolleg*innen bereits eine Art „Botschafter"-Funktion im Unternehmen haben. Wer bereits proaktiv kommuniziert, sich einbringt und von anderen Mitarbeitenden um seine Meinung gefragt wird, kann Ihnen an dieser Stelle helfen.

2 Welchen Bedarf haben Ihre Zielgruppen?
Danach befragt würden alle Mitarbeiter*innen Ihnen sagen, dass sie direkt und aktuell informiert werden und sich austauschen möchten. Dennoch gibt es Unterschiede: Einige wünschen sich eingebunden zu werden, Andere benötigen Informationen und Dialog eher im Rahmen von offiziellen Abteilungsmeetings.

Für Sie als Kommunikator oder Führungskraft gilt: Erschaffen Sie im Rahmen der IK-Strategie eine genaue Definition für dieses Kriterium. Was verstehen die Zielgruppen unter „häufig" oder unter „zeitnah"? Gehen Sie bitte nicht davon aus, dass alle unter diesen Begriffen das Gleiche verstehen.

Insgesamt reicht die Spanne der möglichen IK-Themenfelder von strategischen Entscheidungen, aktuellen Projektentwicklungen, Unternehmenserfolgen, Personalthemen bis hin zu Informationen, die den Arbeitsplatz der Kollegen betreffen. Nicht jeden interessiert all das gleichermaßen.

Regionale Neuigkeiten interessieren hauptsächlich jene, die an diesem Standort beschäftigt sind. Eine strategische Entscheidung interessiert vielleicht das mittlere Management in mehr Detailtiefe als gewerbliche Mitarbeitende. Letztgenannte sind eher empfänglich für eine praxisorientierte Einführung ins Thema als für wirtschaftstheoretische Ausführungen.

Welche Fragen bringen uns also weiter?

- Fördern wir im Unternehmen derzeit aktiv Dialog, Austausch und Wissenstransfer?
- Gehen wir mit unserer Internen Kommunikation auf die speziellen Anforderungen der Führungskräfte ein?
- Bieten wir ausreichend redaktionelle Inhalte mit Standort- bzw. Regionalbezug?
- Sind die Inhalte für die jeweilige Zielgruppe wirklich von Interesse?

3 Wie erreichen Sie Ihre Zielgruppen?
Worauf gilt es bei der Erreichbarkeit unserer Zielgruppen zu achten? Unterschiedliche Standorte und Arbeitsmodelle, sprachliche und kulturelle Unterschiede, aber auch technische Gegebenheiten sorgen dafür, dass wir mit dem Prinzip „Eine Information für alle“ nichts erreichen. Wir kommunizieren an unserer Zielgruppe vorbei.

Deshalb sind auch hier kritische Fragen angezeigt:

- Welche Informationen sind für alle und welche nur für einige Zielgruppen geeignet?
- Werden wir den unterschiedlichen Lerntypen (Lesetyp, Hörtyp, Bildertyp, haptischer Typ) gerecht? Bieten wir beispielsweise Informationen nicht nur in Printform an, sondern bereiten wir sie mit Zusatzinformationen per Video, Podcast oder im Austauschforum auf? Ermöglichen wir den Menschen, etwas Neues selbst auszuprobieren?
- Bieten wir speziellen Zielgruppen wie Kollegen in Filialen, im Außendienst oder auf bestimmten Führungsebenen gesonderte Formate und Informationen an, die für Sie relevant und von Interesse sind (s. Kap. 5)?
- Wie hoch- oder niedrigschwellig ist der (technische, zeitliche, räumliche) Zugang zu den Informationen?

3.1.2.1 Unser Praxistipp

Lernen Sie Ihre Zielgruppen kennen – mithilfe von Personas.

Je diverser Ihre Zielgruppe ist, desto größer die Notwendigkeit, sich die einzelnen Gruppen genau anzuschauen. Ein gutes Tool, um in der täglichen Kommunikationsarbeit die Bedürfnisse der Zielgruppen nicht aus den Augen zu verlieren, sind Personas.

Ein Beispiel: Frank Steffens ist 45 Jahre alt, gelernter Elektroinstallateur und seit 20 Jahren in der Produktion seines Unternehmens beschäftigt. Er hat Familie, ein kleines Haus mit Garten im Nachbarort und angelt gern. Fremdsprachen beherrscht er bis auf ein wenig Englisch nicht. Eigentlich würde er gern auch mal andere Bereiche der Produktion kennenlernen und sich mit Kolleg*innen abteilungsübergreifend austauschen. Im engen Schichtplan bleibt dafür aber kaum Zeit. Auch eine fachliche Qualifizierung kommt nicht recht voran. Offenbar gibt es keinen Prozess, der Weiterbildungen „on the job" regelt. Besonders zufrieden ist er nicht. Er glaubt, das Unternehmen könnte in Sachen Zusammenarbeit und Austausch noch eine Schippe drauflegen.

Natürlich ist Frank ein fiktiver Charakter, dennoch ist er in ähnlicher Situation in vielen Unternehmen anzutreffen. Ebenso Claudia aus der Buchhaltung oder Stefan aus dem Sales. All diese Personas stehen stellvertretend für einen Anteil der Mitarbeitenden mit ihren individuellen Voraussetzungen, Wünschen und Anforderungen. Um ihre Interessen nicht aus dem Blick zu verlieren, ist eine Definition über Personas hilfreich. Schon bei der Planung von Themen, beim Konzipieren und Schreiben ist es gut zu wissen, wer genau der Adressat ist.

Neben dem Namen, Charakterzügen werden auch die Position im Unternehmen, das soziale Umfeld, Hobbys, favorisierte Urlaubsorte, persönliche Auffassungen und konsumierte Medien festgehalten. Beim Einsatz von Personas im Sales-Umfeld werden auch Kleidungs-, Auto- und Parfümmarken notiert, um auch das Konsumverhalten besser abbilden zu können.

Haben Kommunikateure ihre Zielgruppe in Form von Frank, Stefan und Claudia vor Augen, können Storytelling, Tools und Maßnahmen passgenauer vorbereitet und umgesetzt werden. Personas verhelfen zu einem besseren Verständnis dafür, welche Kanäle genutzt und welche Art der Informationsübermittlung zielführend ist.

Zwischenfazit: Es ist von ausschlaggebender Bedeutung, dass Sie sich über Ihre Zielgruppen im Klaren sind und diese nach ihren Bedürfnissen sowie nach innerer und äußerer Erreichbarkeit differenzieren. Nur so schaffen Sie die Basis dafür, dass die Medien und Formate Ihrer Internen Kommunikation effizient und erfolgreich eingesetzt werden

3.1.3 Schritt 3: Identifizieren Sie die Gaps und Handlungsfelder

Haben Sie die Ist-Situation Ihrer internen Kommunikation genau umrissen und daraufhin die Ziele abgesteckt, dann schauen Sie auf Ihr IK-Potenzial. Bewerten Sie die operativen oder auch strategischen Themen, die zwischen dem Ist- und dem Soll-Zustand liegen. Welche Gaps können Sie ausmachen? Welche Handlungsfelder ergeben sich daraus?

Beispiel 1

Die Interne Kommunikation für die Führungskräfte soll optimiert werden. Sie sollen fit werden für ihre kommunikativen Herausforderungen beim Führen gemischter und hybrid arbeitender Teams. Zur Festlegung des Ist-Zustands wurden Fokusgruppengespräche geführt. Die Führungskräfte, so das Ergebnis der Gesprächsrunden, fühlen sich in Sachen Kommunikation unsicher. Zudem ist nicht klar, was die Mitarbeitenden im Rahmen der Internen Kommunikation von ihnen erwarten.

Fazit: Das noch zu hebende Potenzial ist auf der Know-how-Ebene zu verorten. Im nächsten Schritt müsste eine Strategie also mit Hebeln und Maßnahmen arbeiten, die dieses Gap reduzieren.

Beispiel 2

Ein Ziel Ihres aktuellen Veränderungsprozesses ist es, Mitarbeitende aller Hierarchiestufen und Standorte zeitnah und transparent über relevante Entscheidungen und Entwicklungen zu informieren. Der Begriff „zeitnah" wurde mit „innerhalb von 3 Tagen nach getroffenen Entscheidungen" konkretisiert.

Bei der Analyse des Ist-Zustandes stellten die Kolleg*innen fest, dass es im Unternehmen keine Formate gibt, die in der vorgegebenen Zeit überhaupt Informationen an alle Mitarbeiter geben können. Ebenso wurde bei einer Onlinebefragung die Akzeptanz der bisher genutzten Medien – wie Mitarbeiterzeitschrift und Intranet – als „gering" bis „nicht vorhanden" beschrieben.

Fazit: Das Gap liegt bei diesem Beispiel also auf der Formatebene. Zusätzlich müssten detailliertere Analysen (Fokusgruppengespräche oder Einzelinterviews) klären, warum der Zuspruch so gering ausfällt.

Fragen, die Sie sich in dieser Phase der Strategie stellen können:

- Was trennt uns noch von unserem Zielzustand?
- An welchen Stellen haben wir Schwachpunkte?
- Wie tiefgreifend sind diese?
- Warum ist es, wie es ist?

3.1.4 Schritt 4: Definition von Hebeln und Maßnahmen

Sie haben die Analyse durchgeführt und die Potenziale zur Zielerreichung identifiziert. Jetzt gilt es, die strategischen Hebel zu bestimmen, die die Interne Kommunikation insgesamt verbessern können.

Die Entwicklung eigenständiger Tools für die Kommunikation der Führungskräfte kann so ein Hebel sein (s. auch Kap. 8). Weitere Hebel-Möglichkeiten sind: „Überprüfung der bisher genutzten Medien auf ihre Nützlichkeit" oder „Intensivere kommunikative Begleitung von Veränderungsprozessen".

Jeder Hebel steht für ein ganzes Bündel an operativen Maßnahmen, die zur Umsetzung der Strategie definiert werden sollten. Bleiben wir bei dem erstgenannten Beispiel und definieren wir dafür erfolgversprechende Maßnahmen. In Betracht kommen (unter anderem):

1. Einzelinterviews mit Führungskräften zur genauen Analyse ihrer Bedarfe führen
2. Themenfelder für die Optimierung abstecken, passende Formate entwickeln und Trainer suchen und beauftragen
3. Kommunikationsthemen in den Zielvereinbarungen der Führungskräfte verankern

Das sind nur drei von vielen Optionen. Schlussendlich umfasst jeder Hebel zahlreiche Maßnahmen, die sich nach und nach im Unternehmen umsetzen lassen.

Fragen, die Sie sich stellen können:

- Welche fünf bis sieben großen Themenfelder/Gaps müssen wir angehen, um uns unseren Zielen zu nähern?
- Welche Maßnahmen gehören zu den Quick Wins, für welche brauchen wir einen langen Atem?
- Welche Maßnahmen passen zu welchen Hebeln?
- Welche haben sich bereits bewährt und welche müssen wir anpassen, um unsere Ziele besser zu erreichen?
- Wen brauchen wir aus dem Unternehmen als Unterstützung?
- Welche Maßnahmen sind mutig und was können wir vielleicht von anderen Unternehmen lernen?

3.1.5 Schritt 5: Erfolgskontrolle und Nachjustierung

Den Erfolg Ihrer Strategie zu messen bedeutet, Mitarbeiter wieder und wieder zu befragen, ob der eingeschlagene Weg wirklich der richtige ist. Und ständig zu kontrollieren, welche Nachjustierungen erforderlich sind (mehr dazu in Kap. 7 „Interne Kommunikation ist messbar").

All das sind gute Möglichkeiten, um im engen Austausch mit den Zielgruppen zu bleiben: Nach der Strategieeinführung ist schließlich vor der erneuten Analyse …

Fragen, die Sie sich regelmäßig stellen sollten:

- Haben wir den Eindruck, dass der eingeschlagene Weg noch der richtige ist?
- Passen Budget und Maßnahmen zueinander?
- Fehlen Schritte auf dem Weg?
- Haben wir den Eindruck, strategisch nachjustieren zu müssen? Falls ja: Welche Hebel benötigen mehr Umsetzungsenergie?
- Was sagen unsere Zielgruppen: Haben sie den Eindruck, dass ihre Bedürfnisse berücksichtigt werden?

3.2 In Kürze: 5 Schritte auf dem Weg zu einer fundierten und nachhaltigen IK-Strategie

1. Vorhandene IK-Materialien/Informationen sammeln und unterschiedliche Informationsbedürfnisse/Erreichbarkeiten der Zielgruppen analysieren (Mitarbeiterbefragungen, Organigramme, Personaldaten etc.) Bei Bedarf: Analyse durch Fokusgruppen- und Einzelinterviews vertiefen
2. SMARTe Ziele festlegen und künftige IK-Zielgruppen definieren
3. Feststellen der Gaps zwischen Ist- und Soll-Zustand
4. Definition von strategischen Hebeln und Entwicklung und Umsetzung operativer Maßnahmen
5. Regelmäßige Erfolgskontrolle und Nachjustierung

4

Bedürfnisse und Motivation der Mitarbeitenden

Ein Beispiel aus der Praxis

Juliane M. war vor einem Jahr als Personalleiterin in das mittelständische Familienunternehmen gekommen. Eines ihrer Ziele war es, dafür zu sorgen, dass sich das Mitarbeitendenengagement verbessern würde.

Seit Jahren waren die Befragungsergebnisse schlechter geworden. Dabei hatte sich das Unternehmen für seine Mitarbeitenden wirklich eingesetzt: Ein eigener Firmenkindergarten war entstanden; es gab wöchentlich kostenlose Apfellieferungen für alle Bereiche; auch das Firmensportangebot war sichtbar erweitert worden. Vielleicht waren dies aber nicht die richtigen Angebote, damit sich die Mitarbeitenden wertgeschätzt fühlten?

Recht große Investments, die die Geschäftsführung freigegeben hatte. Doch wie es aussah, waren es nicht die passenden Hebel, die hier in Bewegung gesetzt worden waren. Vielleicht wünschten die Mitarbeitenden sich gar etwas ganz anderes?

Juliane M. wusste, dass die Mitarbeitendenbefragung für ein Stimmungsbild in vielen Organisationen ein Schattendasein führt. Eine ungeliebte Pflichtübung als administrativer Schritt und Datensammlung, die man pro forma eben macht. Doch hier war es anders: Der Geschäftsführung war es wichtig, dass die Mitarbeitenden sich wohlfühlen, gern zur Arbeit kommen und auch in Zeiten mit vielen Veränderungsprozessen ihren vollen Einsatzwillen einbringen.

A. Montua, *Führungsaufgabe Interne Kommunikation*,
https://doi.org/10.1007/978-3-658-41715-4_4

*Doch Juliane M. und auch die anderen Kolleg*innen waren mit ihrem Latein mittlerweile am Ende. Wo sollten sie ansetzen, um eine echte Engagement-Steigerung zu erreichen und dafür zu sorgen, dass die Mitarbeitenden sich mit dem Unternehmen identifizieren? An welchen Stellen sollte der HR-Bereich die Verantwortung übernehmen? Was konnte der Kommunikationsbereich tun? Wo waren die Führungskräfte in der Verantwortung? Und konnten sie herausfinden, was überhaupt zu echtem Engagement führt? Obst auf Firmenkosten und Betriebssport allein jedenfalls schienen nicht der Weisheit letzter Schluss zu sein. Ein neues Konzept musste her.*

4.1 Menschliche Grundbedürfnisse als Basis

Bei der Suche nach Antworten dazu, wie Interne Kommunikation das Engagement der Kolleginnen und Kollegen fördern kann, lohnt ein Blick auf das menschliche Gehirn und seine Funktionsweise. Vielleicht erst einmal dieses vorweg: Wenn es darum geht, ob wir „Flow" empfinden, uns also ganz und gar und mit einem guten Gefühl einer bestimmten (Arbeits-) Tätigkeit hingeben, unterscheidet unser Gehirn weder zwischen Orten wie dem Büro oder Wohnzimmer noch zwischen Gesprächspartner*innen im privaten oder beruflichen Kontext. Vielmehr geht es darum, ob durch (kommunikative) Aktivitäten eher das Belohnungs- oder das Schmerzzentrum aktiviert wird.

Die neurologische Wissenschaft spricht von fünf Grundbedürfnissen (Abb. 4.1), die erfüllt sein wollen, damit wir kraftvoll aktiv sind und unsere Potenziale leben können:

1. Bedürfnis nach Lustgewinn und Unlustvermeidung

Sie werden es von sich selbst kennen: Das schöne Gefühl, im Flow zu sein, haben wir dann, wenn wir Dinge tun, die Spaß machen, uns leicht von der Hand gehen, die uns aber dennoch fordern. Unangenehmes schieben wir gern vor uns her.

Nun kann im Arbeitsalltag nicht jede unserer Tätigkeiten Spaß machen und einen Lustgewinn darstellen. Umso wichtiger ist es, dieses Grundbedürfnis im Auge zu behalten.

Abb. 4.1 Grundbedürfnisse des Menschen. (Quelle: Eigene Darstellung)

Machen Sie sich klar, dass Ihre Mitarbeitenden und Kolleg*innen an einzelne Tätigkeiten nicht dieselbe „Werteskala nach Lustgewinn" anlegen wie Sie. Fragen Sie deshalb aktiv nach. Bestärken Sie Führungskräfte darin zu erfahren, wo die Stärken ihrer Mitarbeitenden liegen und was ihnen Freude macht. Ermutigen Sie Ihr Management, diese Stärken ihrer Teammitglieder verstärkt zu nutzen.

Ein Beispiel aus der Internen Kommunikation: Das Social Intranet in Ihrem Unternehmen kann durch die mögliche Vernetzung und den Austausch mit anderen ein neuronaler Mehrwert sein.

Aber Achtung: Sobald dessen Nutzung hierarchisch angeordnet oder die Interaktion verpflichtend kommuniziert wird, erzeugen Sie ein psychisches Belastungsszenario und die Kolleg*innen werden es nicht mehr gern und eigenmotiviert nutzen.

2. Bedürfnis nach Bindung und Zugehörigkeit

Dieses ist eines der mächtigsten Bedürfnisse. Es sichert uns als Säugling durch die Bindung zur Mutter das Überleben. Das Fehlen dieses Gefühls im Arbeitsalltag löst Stress aus und wirkt nachteilig auf die Gesundheit und das Wohlbefinden. Die Kommunikation darf hier ihre Stärken voll ausspielen. Sie kann die verbindende Kraft sein, um dieses Bedürfnis zu erfüllen.

Tipp: Halten Sie als Führungskraft die Bereiche an, in Teams zusammenzuarbeiten und die Potenziale der Kolleg*innen auf diese Weise auszuschöpfen. Schaffen Sie den kommunikativen Raum zum Teilen von Erfolgen und unterstützen Sie ebenso den Aufbau einer Kultur zum Gespräch über Niederlagen. Sorgen Sie für Authentizität. Nehmen Sie Ihre Rolle als Mahner*in gegenüber der Geschäftsführung wahr. Hierbei handelt es sich nicht um internes Marketing, sondern um aufrichtige und wahrhaftige Kommunikation.

3. Bedürfnis nach Gestaltung und Selbstwirksamkeit
Es gilt die Grundannahme, dass Menschen sich in Unternehmen einbringen und dabei mit ihrem persönlichen Beitrag Wertschätzung erfahren möchten.

Für die Mitglieder einer Organisation ist es enorm wichtig, sich selbstverantwortlich einbringen und ihre Gestaltungsmöglichkeiten wahrnehmen zu können. Judith Rodin und Ellen Langer haben den Einfluss persönlicher Verantwortung und Einflussnahme auf die Gesundheit schon im Jahr 1976 untersucht. Wird dieses Bedürfnis erfüllt, sinkt nicht nur die Krankenquote im Unternehmen. Es steigen ebenso die Loyalität sowie die persönliche Einsatzbereitschaft der Belegschaft.

Tipp: Agieren Sie in Ihrer Rolle als Kommunikator*in als kultureller Seismograf. Prüfen Sie, wie es um die Feedbackkultur in Ihrem Unternehmen bestellt ist. Gibt es einen definierten Feedbackprozess, damit Wertschätzung nicht fälschlich mit Schönrederei fehlübersetzt wird? Beherrscht jede Führungskraft die Grundanforderungen an Aufbau und Durchführung eines Anerkennungs-, Entwicklungs- oder Kritikgespräches? Wird in Ihrem Unternehmen Wertschätzung ehrlich und echt gegeben? Oder ist der Begriff verbrannt? Sind Partizipation und Mitarbeitendenbeteiligung schon gelebte Werte? Und falls nicht: Wäre es an der Zeit, mit der Geschäftsleitung einen neuen Weg zu gehen?

4. Bedürfnis nach Orientierung und Sicherheit
Die wenigsten von uns mögen unliebsame Überraschungen, sei es im Privaten oder im Beruf. Wir wünschen uns, frühzeitig und nachvollziehbar über Veränderungen und neue Entwicklungen informiert zu werden.

Leider wird in den meisten Unternehmen trotz des Wissens um diesen Fakt noch immer zu spät kommuniziert. Das geschieht insbesondere aus der Sorge heraus, dass in kritischen Situationen die Motivation der Belegschaft Schaden nehmen könnte – und damit die Produktivität.

Dabei fällt Führungskräften und Personal- bzw. Kommunikationsabteilungen die entscheidende Rolle zu, immer wieder strukturiert und frühzeitig für Orientierung zu sorgen. Stimmen Sie rechtzeitig mit der Unternehmensleitung die großen Themen eines anstehenden Zeitraums und die zugehörige Kommunikationsplanung ab. Was soll bis wann über welches Format kommuniziert werden?

Tipp: Stellen Sie sicher, dass die Unternehmensstrategie nicht schon als „erfolgreich erklärt" betrachtet wird, wenn sie nachzulesen ist. Fest verankert ist sie erst dann, wenn die Belegschaft Ihnen rückmeldet, sie tatsächlich verstanden zu haben.

5. Bedürfnis nach Konsistenz

Menschen brauchen Vertrauen, sowohl in die eigene Leistung als auch in das Unternehmen, das sie beschäftigt. Dieses Vertrauen wird gestärkt, wenn Führungskräfte durchgängig schlüssig und nachvollziehbar agieren. Die (Interne) Kommunikation sollte auch deshalb verlässlich und kontinuierlich stattfinden. Schweigen aus der Sorge heraus, etwas Falsches oder noch nicht Abgestimmtes zu formulieren, schwächt die Gewissheit seitens der Belegschaft, ihrem Unternehmen bzw. den Vorgesetzten vertrauen zu können.

Denn bei der Erfüllung der Grundbedürfnisse gehen Menschen ganz unterschiedlich vor. Nach der Konsistenztheorie von Klaus Grawe (Grawe 2000) weist jeder Mensch individuelle Motivationsschemata auf, um diese Grundbedürfnisse zu erfüllen. Hierbei wird nach Annäherungs- und Vermeidungsschemata unterschieden:

- Das Annäherungsschema beschreibt Menschen, die der Erfüllung ihrer Grundbedürfnisse aktiv nachgehen.
- Menschen mit einem Vermeidungsschema hingegen schützen ihre Grundbedürfnisse vor Verletzung und Gefahren.

Ein Beispiel

Zwei Kolleginnen haben den Wunsch nach Zugehörigkeit und Anerkennung. Die eine Kollegin verfährt dabei nach dem Annäherungsschema und geht in den Außenkontakt, um das Bedürfnis zu erfüllen. Da Bühnen ihre Plattform sind, hält sie Vorträge und liebt den Austausch im Anschluss mit Teilnehmern und Organisatoren.

Ihre Kollegin nutzt eher das Vermeidungsschema und versucht im Alltag, möglichst wenig aufzufallen und mit anderen im Austausch zu sein, um so das Gefühl von Zugehörigkeit und Anerkennung aufrechtzuerhalten bzw. das Gefühl von Zurückweisung zu vermeiden.

Aus diesen beiden Schemata resultieren nun bei der Erfüllung der Grundbedürfnisse entsprechende Ziele. Sind die Ziele verschiedener Grundbedürfnisse miteinander vereinbar, wird dieser Zustand als Kongruenz bezeichnet. Entstehen motivationale Zielkonflikte, wird dies als Inkongruenz bezeichnet. Konsistenz stellt die übergeordnete Dimension dar und wird erreicht, wenn die Grundbedürfnisse und die entsprechenden motivationalen Ziele miteinander vereinbar sind. Die dauerhafte Nichterfüllung bzw. Verletzung der Grundbedürfnisse führt deshalb zu Einbußen des psychischen Wohlbefindens und der Gesundheit.

4.2 Der Schlüssel zum Vertrauen

Im Zeitalter der Schnelllebigkeit und Überforderung sind Empathie und Vertrauen zwei unterstützende und stärkende Währungen. Dies gilt für den privaten und den beruflichen Alltag gleichermaßen. Welches Menschenbild haben wir? Wie kann Interne Kommunikation in diesem Prozess die Wege zu mehr Vertrauen ebnen? Fragen wie diese sollten sich nicht nur die Führungskräfte stellen, auch von Personal-Kolleg*innen und Kommunikator*innen werden Antworten erwartet.

Doch was genau ist Vertrauen und warum ist es im Unternehmensalltag von so großer Bedeutung?

Vertrauen ist der Vorschuss anderer Menschen in unsere Leistung, in unser Verhalten, in unser Sein. Biologisch hervorgerufen wird Vertrauen vom körpereigenen Hormon Oxytocin, auch bekannt als Bindungs- oder Liebeshormon, das beim Sex ebenso ausgeschüttet wird wie bei der Geburt eines Kindes. Fernab von diesen eher körperlichen Methoden gibt es im Alltag vor allem eine Möglichkeit, Vertrauen herzustellen und den Oxytocin-Haushalt zu erhöhen: durch vertrauenswürdiges Verhalten und glaubwürdige Kommunikation.

Vertrauen hilft uns, unser Potenzial zu entfalten. Auf ihm basieren unsere privaten Kontakte und unsere beruflichen ebenso. Vertrauen entscheidet darüber, welche Produkte wir kaufen, ob wir heiraten oder ob wir einer Firma oder einem Team treu bleiben oder uns abwenden. Mein Tipp: Sprechen Sie darüber, was Vertrauen für Sie bedeutet.

Relevant für den Aufbau von Vertrauen sind drei Dimensionen (Abb. 4.2):

Authentizität
Menschen regieren mit Vertrauen, wenn sie glauben, dass ihr Gegenüber sein wahres Ich zeigt, also authentisch ist.

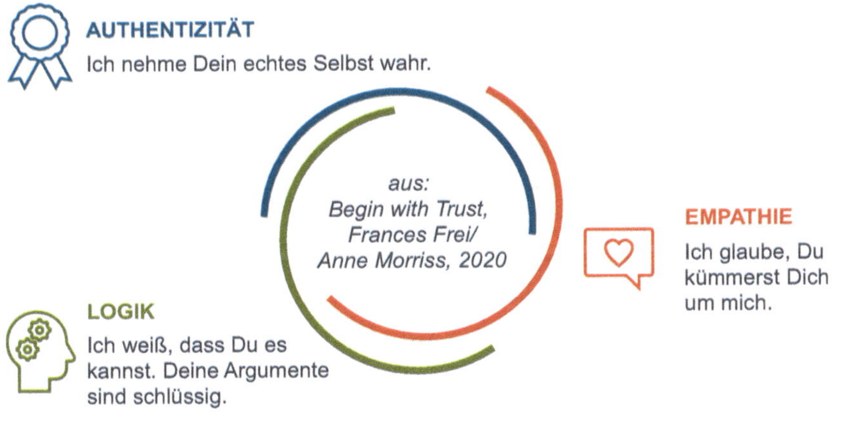

Abb. 4.2 Die Voraussetzungen für Vertrauen. (Quelle: Eigene Darstellung, in Anlehnung an "Begin with Trust" von Frances Frei und Anne Morriss)

Logik
Vertrauen entsteht auch, wenn wir die Kompetenz unseres Gegenübers überzeugend finden. Wird jemand als kompetent wahrgenommen, vertrauen wir seinem Urteilsvermögen und seinen Aussagen.

Empathie
Zeigen Personen in unserem Umfeld Empathie, Interesse und bedeuten uns, dass sich um uns gekümmert wird, reagieren wir mit Vertrauen.

Fehlt Vertrauen, ist dies häufig auf eine Störung in einer dieser drei Dimensionen zurückzuführen.

Für unseren Unternehmensalltag heißt das: Je weniger Vertrauen vorhanden ist, desto wichtiger ist die verlässliche Kommunikation basaler Dinge. Gerade vermeintliche „Selbstverständlichkeiten" müssen kontinuierlich erläutert und immer wieder in den Fokus gerückt werden. Spielen Ängste eine Rolle, beispielsweise vor Arbeitsplatzverlust, erhöht sich der Grad der benötigten Kommunikation noch weiter. In jedem Fall wünschen wir uns, mithilfe von proaktiver Kommunikation schnell wieder in einen Zustand von Sicherheit und Orientierung zu gelangen.

Je weniger Vertrauen Führungskräfte und Mitarbeitende also in die Worte und Taten ihrer Organisation haben, desto weniger Mut zur Nachfrage wird es geben und desto proaktiver und intensiver sollte die Kommunikation vonseiten der Unternehmensführung sein. Meist allerdings passiert das Gegenteil und es entsteht zu wenig von jener Kommunikation, die es eigentlich brauchen würde. Stattdessen laufen Flurfunk und Gerüchteküche auf Hochtouren.

Einziges Mittel, diesen Entwicklungen zu begegnen: reden, reden, reden – und jeder Form von Sorge oder gar Angst mit kommunikativen Mitteln begegnen.

Für die Interne Kommunikation im Unternehmen bedeutet es Folgendes:

Vertrauen ist im Unternehmen vor allem in Phasen der Veränderung und der Verunsicherung von großer Bedeutung. Es reduziert Komplexität, sorgt für Verbundenheit und ermöglicht Mitarbeitenden, weiterhin motiviert und engagiert für ihre*n Arbeitgeber*in aktiv zu sein.

Um einen wirklichen Effekt auf die Einstellung eines Menschen zu haben, muss die Kommunikation vor allem eins sein: glaubwürdig.

„Um dies zu erreichen, stehen dem Kommunikator zahlreiche inhaltliche und stilistische Mittel zur Verfügung, die vom Empfänger als Indikatoren für Glaubwürdigkeit herangezogen werden", beschreibt Dr. Marcus Reinmuth die damit verbundenen Herausforderungen (Reinmuth 2006). In seiner Dissertation zum Thema „Vertrauen schaffen durch glaubwürdige Unternehmenskommunikation" heißt es weiter: „Wenn der Kommunikator diese Indikatoren kennt und sachgemäß einsetzt, kann er also die Glaubwürdigkeit seiner Kommunikation steigern und so ein vertrauenswürdiges Image (mit)schaffen und Vertrauensentscheidungen provozieren."

Nun fragen Sie sich, welche inhaltlichen und sprachlichen Stilmittel der Vertrauensbildung dienlich sind? Dazu führt der Autor an:

- hoher Professionalisierungsgrad
- angemessene Detailtiefe
- an die Bedürfnisse der Zielgruppen angepasste Länge der Mitteilungen
- keine Übertreibungen und Übergeneralisierungen
- keine Floskeln und Passivkonstruktionen
- abwechslungsreiche und bildhafte Sprache
- Widerspruchsfreiheit auf allen Kanälen und in allen Situationen
- Ähnlichkeit zwischen Kommunikator*in und Rezipient*in
- angemessener Grad an Humor
- Selbstreferenzen und Identifikationsmöglichkeiten

Doch nicht nur diese Stilmittel tragen dazu dabei, Informationen glaubwürdig und vertrauensfördernd an Mitarbeitende und Führungskräfte zu geben. Ein anderes psychologisches Phänomen wirkt ebenso unterstützend: Informationen werden leichter aufgenommen, wenn mehrere Sinne zeitgleich angesprochen werden. Wenn wir also nicht nur hören und nicht nur sehen, sondern parallel dazu eine emotionale Saite zum Mitschwingen gebracht wird.

Das erreichen wir durch bildhafte Sprache, einen guten Erzähler oder eine gute Erzählerin, der/die uns in den Bann zieht. Oder auch ein Gefühl von Verbundenheit, das bei uns entsteht, während wir eine Information aufnehmen. Das alles veranlasst uns, eine Neuigkeit leichter und widerstandsloser aufzunehmen und sie in bekanntes Wissen zu integrieren.

Um mehrere Sinne anzusprechen, ist vor allem eine crossmediale Vermittlung hilfreich. So sind Prozesse besser zu verstehen, wenn sie visualisiert werden, etwa durch einen Erklärfilm. Geschichten gewinnen durch den Ausdruck der Stimme, etwa über eine Sprachnachricht oder einen Podcast, an Tiefe und Authentizität.

4.3 Was motiviert uns?

Das Wissen um die schon zitierten menschlichen Grundbedürfnisse ist essenziell, denn es erleichtert den Einstieg in die zentralen Fragen der IK, etwa: Warum ist eine beteiligende, transparente und frühzeitige Kommunikation so ausschlaggebend?

Ebenfalls hilfreich sind grundlegende Informationen aus der Motivationspsychologie. Das Wissen um die Motivation von Menschen liefert den Schlüssel zu ihrem Verhalten und ermöglicht eine Kommunikation, die darauf abgestimmt ist.

Drei Arten von Motivation sind für kommunikative Prozesse besonders relevant: intrinsische und extrinsische, kurz- und langfristige und bewusste und unbewusste Motivation.

4.3.1 Intrinsische und extrinsische Motivation

Unter extrinsischer Motivation wird eine Motivation verstanden, die von außen initiiert wird: finanzielle Anreize beispielsweise, Status oder Sachwerte. Intrinsische Motivation hingegen wird aus den eigenen Wünschen und Bedürfnissen gespeist. Berufliche Weiterentwicklung oder Neugier sind Beispiele für intrinsische Motivatoren.

Zahlreiche Forschungen haben gezeigt, dass intrinsische Motivation deutlich stärker und nachhaltiger wirkt als extrinsische. Zumal streng genommen eine extrinsische Motivation gar nicht existiert, denn äußerliche Anreize müssen eine bereits in der Psyche angelegte „intrinsische Saite“ zum Mitschwingen bringen, um Wirkung entfalten zu können. So wird ein*e überzeugte*r Veganer*in durch die Aussicht auf ein kostenloses Barbecue im Fünf-Sterne-Gourmet-Tempel niemals zu einer Verhaltensänderung zu motivieren sein. Oder wie es Business Coaches oft ausdrücken: „Der einzige Mensch, der uns motivieren kann, sind wir selbst.“

Ziel von Führungskräften und Kommunikator*innen sollte es daher sein, die wirksamen Motivator*innen der Mitarbeitenden zu kennen. Zudem sollten sie Verhalten und Kommunikation darauf abstimmen. So gelingt es, nachhaltig intrinsisch zu motivieren. Zudem werden Demotivator*innen durch bewusstes Verhalten weitestgehend ausgeschaltet.

4.3.2 Kurzfristige und langfristige Motivation

Für die eigene Motivation, aber auch für die der Kolleg*innen ist die Definition von Zielen unabdingbar. Aus diesen speisen wir den Großteil unserer langfristigen Motivation (wenn wir beispielsweise eine Vision mit Leben füllen möchten). Zugleich versuchen wir, durch klar konturierte Ziele kurzfristig (durch das Erreichen von Teilzielen) motiviert zu bleiben.

Aus diesem Grund gestalten wir Organisation gemeinsam. Nehmen Sie Ihre Mitarbeitenden und Führungskräfte mit. Entwickeln Sie gemeinsam. Erbitten Sie Feedback und stellen Sie so eine enge und vertrauensvolle Bindung der Mitarbeitenden zum Unternehmen her.

4.3.3 Bewusste und unbewusste Motivation

Neben der bewussten Motivation gibt es Motive, die uns unbewusst steuern. Der Schweizer Psychiater und Begründer der analytischen Psychologie, C. G. Jung, beschrieb diese Motive als sogenannten „Schatten“. Bis heute arbeiten Coach*innen und Psycholog*innen im Rahmen der „Schattenarbeit“ intensiv mit diesen Anteilen unserer Persönlichkeit.

Weil diese Teile unserer Motive unter der Schwelle des Bewusstwerdens verborgen liegen, scheitern wir oft an ähnlichen Stellen und können uns kaum erklären, warum dies immer und immer wieder geschieht.

Ein Beispiel

Sybille möchte seit Jahren zur Teamleiterin aufsteigen. Sie arbeitet oft bis tief in die Nacht, um schwierige Aufgabenstellungen zu lösen, besucht Weiterbildungen und liest Bücher zum Thema Führungskompetenz. Dennoch wurde sie bei allen Beförderungen bisher nicht in Erwägung gezogen.

Auf den ersten Blick könnte das nach unerklärlichen Zufällen klingen, aber womöglich spielt hier Angst eine Rolle. Angst vor der Verantwortung für ein Team und für ein großes Budget. Solange ihre „Schattenmotive" ihr Handeln unentdeckt, aber grundlegend mitsteuern, wird sie trotz harter Arbeit ihr bewusstes Ziel niemals erreichen können. Ihr Schattenmotiv arbeitet „undercover" als notorischer Saboteur.

4.4 Praxistipp: Blick in unsere Motivstrukturen

Um in Teamprozessen, aber auch beim Coaching einzelner Personen optimal auf die Bedürfnisse eingehen zu können, sind Profile, die sich mit unseren Motiven beschäftigen, außerordentlich hilfreich. An dieser Stelle lohnt beispielsweise der Blick auf die wissenschaftlichen Luxx-Profile, um zu entscheiden, ob es auch für Ihre Team- und Kommunikationsprozesse ein passendes begleitendes Tool sein kann (Luxx-Profile 2019).

Steven Reiss, ein amerikanischer Psychologe, der sich vor allem mit der menschlichen Motivation beschäftigte, entwickelte in den 1990er-Jahren ein Modell, nach dessen Grundlage 16 sogenannte Lebensmotive unsere Persönlichkeit beeinflussen (Abb. 4.3).

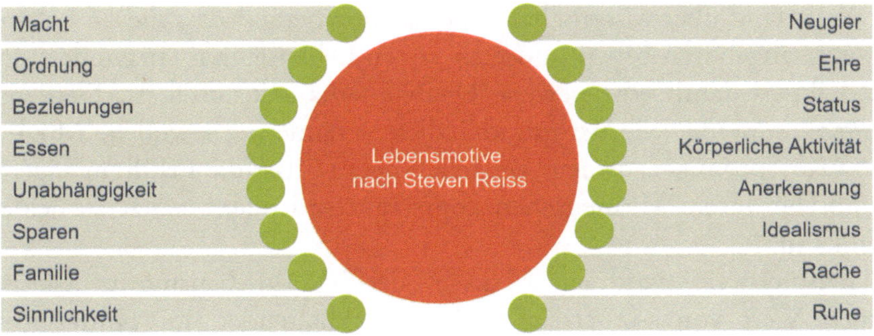

Abb. 4.3 Lebensmotive nach Steven Reiss. (Quelle: Eigene Darstellung)

Die Antworten auf mehr als 120 wissenschaftlich fundierte Fragen führen zu einem aufschlussreichen Profil, das so hochindividuell ist wie ein Fingerabdruck.

Je nach Ausprägung der Motive zeigen sich große Unterschiede im Verhalten der Menschen in Alltags- und Veränderungssituationen. Die Komplexität entsteht bei jedem Menschen aus dem Zusammenspiel der 16 Motive (als Business-Profil 15 Motive ohne den Bereich Sinnlichkeit).

Jedes Motiv wird in seiner Intensität auf einer Skala von +3 bis −3 angesiedelt, wobei mit der Einordnung in den Plus- oder den Minusbereich keine moralische Wertung verbunden ist. Ein „verwerfliches" Zuviel oder Zuwenig eines Motivs – landläufig als persönliche „Stärke" gelobt oder „Schwäche" gebrandmarkt – gibt es beim Luxx-Profil nicht. Dieser Wertungsverzicht hilft dem/der Profil-Besitzer*in, sich mit sich selbst und seinen/ihren vermeintlichen Mängeln auszusöhnen: eben weil hier keine Defizite angezeigt werden, sondern nur mehr oder weniger intensive, ansonsten aber neutral bewertete Ausprägungen von Lebensmotiven.

Reiss fand über wissenschaftliche Studien heraus, dass die 16 Lebensmotive angeboren bzw. in unseren ersten Lebensjahren entstanden sind und ihnen damit eine gewisse Unabänderbarkeit zuteil ist. Demnach bringt es wenig, Motive grundsätzlich verändern zu wollen. Möglich sind Kompromisse aus dem Verstehen heraus, dass die Erfüllung eigener Wünsche unsere Mitmenschen kopfschüttelnd oder verletzt zurücklassen kann.

Beispielsweise wird ein Mensch, der beim Lebensmotiv „Macht" einen Wert von −2 erreicht, als zurückhaltender, im Hintergrund agierender Dienstleister voll und ganz aufblühen und in Glücksgefühlen baden. Wird ihm hingegen die Rolle des im Rampenlicht stehenden unternehmerischen Alphatiers aufgedrängt (weil sein Umfeld, seine Erziehung, seine Sozialisation oder gar sein*e Vorgesetzte*r diesen vermeintlich vorteilsbeladenen „Karrieresprung" von ihm erwarten), sind Fehlschläge, Sorgen und Ängste vorprogrammiert. Die Art und Weise, wie sich insbesondere die stark ausgeprägten Motive untereinander beeinflussen, ist so vielfältig, so individuell und oft auch so komplex, dass sich genau daraus die unverwechselbare Persönlichkeit jedes Einzelnen ergibt.

Das Wissen um diese Unterschiede ist ein sehr hilfreiches Mittel. Führungskräfte und auch HR- und Kommunikationsexpert*innen können es nutzen, um in der Internen Kommunikation die unterschiedlichen Motive von Mitarbeitenden bedenken zu können. Auch Führungskräfte und Teams profitieren davon zu wissen, wie der Gegenüber tickt und was ihm aufgrund seiner Persönlichkeitsstruktur wichtig ist.

Und, nein, damit ist keinesfalls ein manipulativer Umgang mit diesem Wissen gemeint, sondern im Gegenteil: Es geht darum, die Bedürfnisse der Kolleg*innen so anzuerkennen und im besten Falle erfüllen zu können, dass sie engagiert und motiviert ihrer Arbeit nachgehen können.

Wie sich die einzelnen Motive zeigen und wie wir Kommunikation auf sie abstimmen können, sei hier kurz angerissen:

Motiv Neugier

Beschreibt die Bedeutung von neuem Wissen und neuer Erkenntnis im Leben eines Menschen. Das Nachdenken, das Analysieren, die geistige Beschäftigung mit komplexen oder/und unbekannten Aspekten sind Tätigkeiten, mit denen sich bei stärkerer Motivausprägung gerne beschäftigt wird.

Kommunikativer Umgang: Je höher die Ausprägung dieses Motivs, desto mehr neues Wissen, neue Projekte und neue Themen benötigt die oder der Betreffende im Arbeitsalltag, um am Abend zufrieden nach Hause zu gehen. Je niedriger die Ausprägung, desto eher wollen die Kolleg*innen bei Themen und Projekten wirklich in die Tiefe gehen. Eine eher geringere Anzahl an Projekten macht sie glücklich; eine große Anzahl an Themen überfordert sie.

Motiv Soziale Anerkennung

Beschreibt das Streben nach Bestätigung und Anerkennung von außen. Dieses geht einher mit Verhaltensweisen, die bei stärkerer Motivausprägung darauf zielen, Lob und Anerkennung von den Mitmenschen zu bekommen und Kritik, Ablehnung oder Zurückweisung zu vermeiden.

Kommunikativer Umgang: Wichtig für Kolleg*innen mit einem eher ausgeprägten Anerkennungsmotiv ist es, Projekterfolge kommunizieren und feiern zu können. Gleichzeitig wollen sie Kritik nicht öffentlich, sondern im geschützten Raum erfahren. Führungskräfte und Kolleg*innen, die aufgrund eines bei sich selbst eher gering ausgeprägten Anerkennungsmotivs zurückhaltend sind im Aussprechen von Lob, sollten animiert werden, ihren mitarbeitenden Mitmenschen und Teams mehr positives Feedback zu geben, damit diese motiviert bleiben und werden.

Motiv Einfluss

Liefert die Antwort auf die Frage, wie sehr ein Mensch Einfluss, Macht, Kontrolle und Entscheidungsverantwortung für seine eigene Zufriedenheit braucht und wie sehr er oder sie eine Wirkung erzielen möchte, indem eine Situation, ein Projekt oder der Kolleg*innenkreis durch ihn beeinflusst werden.

Kommunikativer Umgang: Kolleg*innen mit einem hohen Einflussmotiv sind meist entscheidungsfreudige Team- und Projektleiter*innen, Change-Agents, aber auch Pilot-User*innen neuer Tools der Internen Kommunikation. Foren und Workshop-Szenarien geben ihnen den Raum, sich zu äußern und auf anstehende Entscheidungen Einfluss zu nehmen.

Menschen mit einem geringen Einflussmotiv sind meist zurückhaltend in Meetings, Telefonkonferenzen oder Projektarbeiten. Sie äußern sich eher auf Nachfrage und brauchen an der einen oder anderen Stelle die Aufforderung, sich mit ihren Gedanken und Bedürfnissen einzubringen. Sie fühlen sich schnell überfahren von Kolleg*innen mit ausgeprägteren Machtmotiven, ohne diesen Widerwillen im Arbeitsalltag zu äußern.

Motiv Status

Beschreibt das Bedürfnis eines Menschen, sich von anderen zu unterscheiden. Dazu dienen häufig die entsprechenden Äußerlichkeiten wie Titel, Besitz, Kleidung, Schmuck und Wohnsituation. Aber auch ein Hervorstechenkönnen aus der Masse auf Bühnen, durch Vorträge und Podiumsdiskussionen gibt Kolleg*innen mit einem hohen Statusmotiv Motivation und Energie.

Kommunikativer Umgang: Geben Sie diesen statusorientierten Mitmenschen das Podium, auf dem sie ihr Wissen präsentieren können. Unterstreichen Sie, wie besonders deren Rolle in Projekten und dem Arbeitsalltag ist. Ein Firmenfahrzeug oder eine (öffentliche) Auszeichnung für besonders erfolgreiche Projektaufträge motivieren diese Kolleg*innen in besonderem Maß.

Motiv Sammeln/Sparen (Besitzen)

Gibt Auskunft darüber, wie sehr ein Mensch bei den Gegenständen, die er oder sie besitzt, bestrebt ist, sie zu behalten. Die Wichtigkeit wird deutlich, die es für sie oder ihn hat, neue Dinge zu erstehen. Die Trennung von materiellen Besitztümern fällt umso schwerer, je höher das Motiv ausgeprägt ist.

Für die Entscheidung, ob etwas behalten wird oder nicht, ist es nicht wichtig, ob der Gegenstand wirklich gebraucht wird. Menschen mit einer niedrigen Ausprägung betrachten Besitz als etwas, das man benutzt, verbraucht und wovon man sich trennt, wenn es (aus subjektiver Warte) unnütz geworden ist.

Kommunikativer Umgang: Lassen Sie den/die Kolleg*in mit einem ausgeprägten Besitzenmotiv ihre überquellenden Schreibtische. Motivieren Sie sie über verdinglichte Wertschätzung. Schreiben Sie Gewinnspiele aus oder initiieren Sie ein Punktesystem für Verbesserungsvorschläge, wenn Sie an Meinungen dieser Menschen interessiert sind. Auch Preisausschreiben werden sie motivieren.

Motiv Unabhängigkeit (Autonomie)

Gibt eine Auskunft über die Bedeutung, die ein Mensch seiner emotionalen Autonomie bezüglich anderer Menschen beimisst. Damit sind Begriffe wie Unabhängigkeit, Freiheit und Eigenständigkeit sowie auch eine gewisse Art von emotionaler Distanz verbunden. Für Menschen mit einem hohen Autonomiemotiv ist es wichtig, jede Form von emotionaler Abhängigkeit zu vermeiden; auf andere angewiesen zu sein wirkt demotivierend und frustrierend. Ein geringes Autonomiemotiv zieht einen größeren Wunsch nach Nähe nach sich und erhöht die Wahrscheinlichkeit, dass gern in Teams und Gruppen gearbeitet wird.

Kommunikativer Umgang: Sie sind auf der Suche nach Kolleg*innen, die sich schnell in Teams und Projektgruppen integrieren? Die lieber „gemeinsam statt einsam" arbeiten und das arbeitende Umfeld fast wie selbstverständlich mit einbeziehen? Dann ist es gut, auf Menschen zuzugehen, die ein eher geringes Autonomiemotiv haben. Für Arbeiten, bei denen es auf eine eher konzentrierte Einzel- und Stillarbeit ankommt, wählen Sie hingegen am besten Kolleg*innen mit möglichst ausgeprägtem Autonomiemotiv.

Motiv Sozialkontakte

Beschreibt die Bedeutung, die soziale Kontakte (über das übliche Maß an Arbeitskontakten hinaus) für einen Menschen haben. Das zeigt sich oft an der Zahl der Freunde und der Häufigkeit der Begegnungen mit ihnen. Ebenso gehört der Wunsch dazu, weitere Freundschaften zu schließen und Kontakte zu knüpfen. Letztendlich dokumentiert sich hier auch die Unterscheidung zwischen dem, was einen „Freund" oder eine „Freundin" ausmacht, und einer „Bekannten" oder einem „Bekannten".

Menschen mit einer niedrigen Ausprägung bei den Sozialkontakten bevorzugen sowohl eine geringe Zahl von Freund*innen als auch eine geringe Zahl an Begegnungen zum Zweck des sozialen Kontaktes.

Kommunikativer Umgang: Geben Sie Kolleg*innen mit einem hohen Sozialkontaktemotiv die Möglichkeit, sich auszutauschen – in Meetings, Mittagspausen und auch mal am gemeinsamen Teamabend. Bedenken Sie aber zugleich, dass es für Kolleg*innen mit einem geringen Drang nach Sozialkontakten (also den „Stillen") enorm stressfördernd und demotivierend sein kann, an Aktivitäten mit vielen (neuen) Menschen teilnehmen zu müssen. Akzeptieren Sie den Schutzraum, den diese Menschen benötigen.

Motiv Prinzipien

Macht eine Aussage darüber, wie sehr ein Mensch sich in seinem Vorgehen von Prinzipien leiten lässt. Diese sind inhaltlich weit gefasst zu verstehen. Sie enthalten sowohl ethische als auch moralische Werte, Gesetze und Regeln sowie andere weltanschauliche Überzeugungen. Hinzu kommt die Bindung durch Versprechen, Zusagen, Verträge und Commitments.

In der niedrigen Ausprägung des Motivs finden wir ein flexibles Umgehen mit Grundsätzen, Regeln und Prinzipien. Das bedeutet, dass das jeweilige situative Ziel für den eigenen Vorteil im Vordergrund steht.

Kommunikativer Umgang: Kolleg*innen mit einem geringen Prinzipienmotiv können durch zu starre Regeln, Prozesse und Vorgaben im Arbeitsalltag schnell und nachhaltig demotiviert werden. Erläutern Sie Ihnen deshalb die Hintergründe und werben Sie um Verständnis. Schaffen Sie ihnen zusätzlich Räume und Projekte, in denen diese Mitarbeitenden ihren Wunsch nach Freiheit und Flexibilität leben können. Kolleg*innen mit einem hohen Prinzipienmotiv hingegen motiviert es, wenn Regeln vorgegeben oder gar von ihnen selbst aufgestellt werden. Nutzen Sie dies bei der (Neu-)Schaffung von organisatorischen und projektbezogenen Strukturen in Ihrem Unternehmen oder Bereich.

Motiv Soziales Engagement
Beschreibt das Engagement für benachteiligte und notleidende Menschen und für eine gerechtere Gesellschaft. Diese Hilfe besteht aus einer starken und altruistischen Aktivität. Menschen mit einer niedrigen Ausprägung sehen für sich keine lohnende Aufgabe in dem Einsatz für eine bessere Gesellschaft oder Welt. Sie betonen die Verantwortung der oder des Einzelnen für ihr oder sein eigenes Schicksal und definieren soziale Gerechtigkeit völlig anders.

Kommunikativer Umgang: Geben Sie Kolleg*innen für ehrenamtliches Engagement Zeiträume, die ihnen die Beschäftigung mit diesen Themen ermöglichen. Erläutern Sie in gemeinsamer Runde innerhalb der Teams, warum diese Zeitfenster geschaffen werden. Vielleicht nutzen Sie den Wunsch, um Ihr Unternehmen als Ganzes im sozialen Bereich zu positionieren. Lassen Sie die engagierten Teammitglieder in Ihren internen Medien mit ihren Erfolgen zu Wort kommen.

Motiv Struktur
Beschreibt die Bedeutung, die Aspekte wie Struktur, Planung, Ordnung, Exaktheit und Details für einen Menschen haben. Im Falle einer starken Ausprägung sind Planbarkeit, Strukturiertheit und Organisation unabdingbare Voraussetzungen für Leistung und Erfolg. Menschen, die eine niedrige Ausprägung haben, finden in Plänen und präzisen Strukturen sowie in ausgeprägter Ordnung keine belohnenden Aspekte. Sie suchen in all diesen Aspekten eher ein flexibles Vorgehen, das ihnen Freiheiten gibt, spontan auf Situationen reagieren zu können.

Kommunikativer Umgang: Schaffen Sie Verständnis innerhalb Ihres Teams für das unterschiedliche Strukturverständnis. Nutzen Sie die Flexibilität der einen Gruppe ebenso für den Erfolg von Themen und Projekten wie das Engagement jener Menschen mit einem stark ausgeprägten Strukturmotiv. Bieten Sie im Rahmen Ihrer kommunikativen Begleitung von Alltags- und Veränderungssituationen beiden Zielgruppen

Maßnahmen an: spontane Fish-Bowl-Sessions ebenso wie lang im Voraus geplante und recherchierte Artikel in den internen Medien.

Motiv Sicherheit

Beschreibt die Notwendigkeit von Sicherheit und Kalkulierbarkeit im Leben eines Menschen. Für Kolleg*innen mit einer starken Ausprägung gilt es, Risiken und Gefahren sowie Unwägbares zu vermeiden.

Eine niedrige Ausprägung führt dazu, dass Menschen sich gerne in herausfordernde und neue Situationen begeben, um darin zu bestehen. Zu große Sicherheit können sie schnell als langweilig empfinden.

Kommunikativer Umgang: Sie suchen nach Menschen, die in einem Veränderungsprojekt einen Standort an einem anderen Ort aufbauen? Oder Sie wünschen sich, dass Kolleg*innen aus Ihrem Bereich regelmäßig Teams an einem anderen Ort unterstützen? Dann wählen Sie auf jeden Fall Kolleg*innen, die ein geringes Sicherheitsmotiv haben, um sie zu stärken und zu motivieren. Für Menschen mit einer hohen Ausprägung ist jede Art von Veränderung mit großer Verunsicherung, Sorgen und Ängsten verbunden, die wiederum zu Demotivation und gesundheitlichen Einbußen führen können.

Motiv Revanche

Beschreibt, ob ein Mensch im Falle einer für ihn erlebten Ungerechtigkeit eine Revanche, eine Vergeltung oder einen Ausgleich braucht oder ob er eher ohne Vergeltungsabsicht handelt und harmonieorientiert vorgeht.

Bedenken Sie bitte, dass der Begriff „Ungerechtigkeit" hier sehr weit gefasst werden muss. Dieser Ausdruck steht für eine widerfahrene Benachteiligung jedweder Art, die von der oder dem Betreffenden subjektiv als Ungerechtigkeit empfunden wird.

Kommunikativer Umgang: Sie suchen nach Personen, die in einer neuen „Für&Wider"-Rubrik aktuelle Themen des Unternehmens beleuchten? Oder fänden es positiv, wenn Themen in Präsentationen künftig engagierter und leidenschaftlicher vorgetragen würden? Dann wählen Sie hierfür Kolleg*innen mit einem hohen Revanchemotiv. Aber erklären Sie diesen Leuten in Teamkonstellationen ebenso, dass es Kolleg*innen gibt, für die Kampf und Revanche keine präferierten Situationen sind. Machen Sie den Menschen mit ausgeprägtem Revanchemotiv deutlich, warum für andere der ruhige und gelassene Austausch schneller und angenehmer zum Ziel führt.

Motiv Essen

Beschreibt die Bedeutung, die das Thema Essen für einen Menschen in seinem Leben einnimmt. Hier können wir im Sektor der starken Motivausprägung „Genussesser*in" bzw. „Feinschmecker*in" antreffen. Im Minus-Bereich des Profils finden sich Menschen, für die Nahrungsaufnahme nur etwas „biologisch Notwendiges" ist, das möglichst wenig Zeit und Aufmerksamkeit verbrauchen soll. Dies gilt auch für die Essenspausen im beruflichen Umfeld.

Kommunikativer Umgang: Ermöglichen Sie Ihren Kolleg*innen, in Meetings und Teamkonstellationen Speisen zu sich zu nehmen. Schaffen Sie gemeinsam mit Ihrem/Ihrer Kantinenchef*in den Rahmen für das eine oder andere kommunikative Format während der Lunchzeiten. Wundern Sie sich aber bitte nicht, wenn diese kulinarischen Treffs nicht bei allen buchstäblich den Geschmack treffen.

Motiv Familie

Beschreibt die Bedeutung, die für einen Menschen die Verbindung und Nähe zu seiner Familie ausmacht. Das kann sowohl die Herkunfts- als auch die Familie sein, die man selbst mit Partnerin oder Partner gegründet hat.

Kommunikativer Umgang: Kommunizieren Sie zum Themenfeld Beruf und Familie. Werben Sie im Unternehmen um Verständnis dafür, dass es Menschen mit unterschiedlichen Ausprägungen dieses Motivs gibt und dass sich dies im Alltag divers zeigen kann: Beispielsweise leiden Menschen mit einem hohen Familienmotiv physisch, wenn sie zu lange oder zu häufig von ihren Familien getrennt sind. Sie arbeiten aber gern und engagiert auch von zu Hause aus, wenn sie beide Themenfelder unter einen Hut bringen können. Sorgen Sie als Führungskraft für genügend Möglichkeiten, beide Motivausprägungen im (Arbeits-)Alltag zufriedenstellend zu leben.

Was mir noch wichtig ist, Ihnen mitzugeben: Sie müssen hier kein*e Luxx-Expert*in sein. Ein Einblick in die Welt die Welt der Lebensmotive soll an dieser Stelle genügen. Wichtig für uns Kommunikateur*innen und Führungskräfte ist es, dieses Grundlagenwissen in Zielgruppenanalysen und die Entwicklung neuer Formate einfließen zu lassen.

4.5 Wie die eigenen Strategien uns hemmen oder fördern

Grundbedürfnisse sind also ein völlig Paraer Teil unserer Persönlichkeit und der unserer Mitmenschen. Vielleicht geht es Ihnen aber auch so, dass Sie beim Begriff Bedürfnis an Bedürftigkeit denken und damit an „sich klein und schwach fühlen"? Viele von uns gehen fast wie selbstverständlich davon aus, dass wir bedürftig wirken, wenn wir für die Erfüllung unserer Bedürfnisse einstehen. Dabei ist ein Bedürfnis das, was die Nahrung für unseren Körper ist: etwas wirklich Grundlegendes, Unverzichtbares. Ein Bedürfnis zu befriedigen meint in den meisten Fällen, ein echtes Defizit zu beheben (vgl. Gewaltfreie Kommunikation 2019).

Bedürfnisse können natürlich nebeneinander existieren, bauen aber auch aufeinander auf. Erst wenn unsere zentralen Grundbedürfnisse erfüllt sind, können wir uns mit Bedürfnissen auf den Ebenen von Entwicklung und Entfaltung beschäftigen.

Ein Beispiel

*Sie haben sich mit zwei Freund*innen verabredet, die gerade in der Stadt Urlaub machen, weil Sie ein Bedürfnis nach Gedankenaustausch und Kommunikation haben. Morgens haben Sie es nicht mehr geschafft, mit Ihrer Familie zu frühstücken. Also verspüren Sie mitten in einem gemeinsamen Gespräch immer stärker werdenden Hunger. Während Sie darüber nachdenken, woher Sie jetzt wohl etwas zu essen bekommen können, verlässt Sie Ihre Konzentration auf das Gespräch. Ihr Wunsch, etwas zu essen, wächst mit jeder Minute und die Chance auf einen informativen Austausch wird pro Sekunde geringer. Ihre Konzentration kann erst wieder steigen, wenn Sie etwas gegessen haben.*

An diesem Beispiel wird deutlich, dass die basalen Bedürfnisse wie Sicherheit, Essen, Trinken, Schlafen immer an erster Stelle stehen – alles andere ordnet sich ihnen unter.

Wichtig für uns zu wissen: Bedürfnisse, ganz gleich welcher Art, sind immer ein Teil von uns, niemand anderes kann sie uns geben oder ist für sie verantwortlich. Das heißt auch: Wir entscheiden selbst, welche Strategie wir anwenden, um im nächsten Schritt unser Bedürfnis zu erfüllen – eine einfache oder komplexe Strategie, eine, die auch anderen Menschen Freude und Zufriedenheit bringt, oder eine, die gleichzeitig für Leid und Enttäuschung bei anderen Menschen sorgt. Die Entscheidung liegt bei uns.

Aber Achtung: Auf der Ebene der gewählten Strategie können Konflikte entstehen, wenn verschiedene Interessen und Bedürfnisse aufeinandertreffen. Sie selbst möchten sich vielleicht etwas Gutes tun, indem Sie Ihre Bedürfnisse erfüllen. Andere Menschen können sich jedoch im gleichen Moment an Ihren Strategien stoßen, die Sie zur Bedürfniserfüllung nutzen. Das Ergebnis wären Konflikte, die für Sie im ersten Moment nicht absehbar gewesen sind. Die einzige Möglichkeit, diese Konflikte oder Streitigkeiten beizulegen, ist es, miteinander zu kommunizieren – am besten so früh und intensiv wie möglich. Leider wird jedoch häufig auf der Strategieebene diskutiert, ohne das dahinterliegende Bedürfnis zu ermitteln und wertzuschätzen oder vielleicht sogar gemeinsam nach alternativen Strategien Ausschau zu halten.

Ein weiteres Beispiel

Irene wünscht sich eine Gehaltserhöhung. Das dahinterliegende Bedürfnis könnte der Wunsch nach mehr Geld für eine große Reise (Unabhängigkeit), für den Kauf von etwas Materiellem (Status) oder für mehr Kulturbesuche mit ihrem Mann (Familie) sein. Ein Weg, sich dieses Bedürfnis zu erfüllen, liegt in der Strategie einer Gehaltserhöhung. Irene hat sich alles perfekt zurechtgelegt und geht von der Zustimmung ihres Chefs aus. Als dieser unerwartet die Gehaltserhöhung ablehnt, weil er mit der Arbeit nur mittelmäßig zufrieden gewesen ist, ist Irene tief getroffen. Ihre Strategie zur Bedürfniserfüllung ist gescheitert. Da dies ihre (derzeitig) einzige geplante Strategie war, wird die Enttäuschung direkt sichtbar in Form von Trauer, Verzweiflung oder Wut. Das unerfüllte Bedürfnis kann die Umwelt nun anhand der Stimmung von Irene wahrnehmen. Vor allem ihr Vorgesetzter bekommt Irenes Unzufriedenheit in den kommenden Tagen zu spüren.

Was also nun? Im ersten Schritt hilft sicher die Erkenntnis, dass nicht die Außenwelt für die Erfüllung unserer Bedürfnisse zuständig ist, sondern nur wir selbst. Wenn ich mich also für die Befriedigung eines Bedürfnisses in die Abhängigkeit von meiner Umwelt begebe, ist dies von vornherein ein schwieriges Unterfangen. Im Fall von Irene wäre vielleicht die Kombination aus intrinsischer und extrinsischer Motivation (ich arbeite so engagiert, dass mein*e Chef*in mir gern und vielleicht sogar von allein eine Gehaltserhöhung gibt) der bessere Schritt gewesen.

Bedürfnisse und Gefühle stehen sich übrigens immer sehr nah, ganz gleich, wie intensiv wir versuchen, Stimmungen im Unternehmensumfeld von uns fernzuhalten. Die gute Nachricht: Je mehr Klarheit wir und andere in Bezug auf Bedürfnisse haben, desto besser können wir unsere Gefühle wahrnehmen und artikulieren. Unser Ziel sollte es also sein, bewusster zu erkennen, warum gerade dieses Gefühl vorhanden ist und welches Bedürfnis wir uns erfüllen möchten. Je besser uns das gelingt, desto größer ist die Chance, unser berufliches (und natürlich auch privates) Umfeld nach unseren Wünschen und Bedürfnissen zu gestalten.

Bewertung nimmt uns Chancen

In unserem Alltag unterscheiden wir immer wieder zwischen „Richtig“ und „Falsch“. Doch warum eigentlich? Vereinfacht gesagt: weil es uns den Alltag erleichtert und wir so schneller Entscheidungen fällen können.

Würden wir jedes Mal alles neu überdenken müssen, würde uns das enorm überfordern und viel Zeit kosten. Gleichzeitig trennt uns dieses Denken in Richtig und Falsch aber auch von unseren Mitmenschen. Sobald wir mit vorgefertigten Ansichten in die Kommunikation treten, nehmen wir uns die Chance auf ein offenes Miteinander. Erleben wir die Strategien, wie Menschen ihre Bedürfnisse befriedigen wollen, dann kann uns das verunsichern – zur Auflösung ist dann Kommunikation meist der einzig passende Schlüssel.

Ein Beispiel

*Klaus und Johannes arbeiten in der gleichen Abteilung. Johannes erlebt immer wieder, wie Klaus den gemeinsamen Chef scheinbar „umgarnt", mit ihm zum Lunch geht, ihn auf private Gartenfeste einlädt und ihm sogar anbietet, ihn nach Hause zu fahren, wenn sein Auto mal für einen Tag in der Werkstatt ist. Für Johannes ist das ein befremdliches Verhalten und er fragt sich, was Klaus damit wohl erreichen möchte: eine Gehaltserhöhung, Vorteile in Projekten oder besseres Feedback? Mit jeder Woche, die vergeht, ist das Verhalten für Johannes unangenehmer und er beginnt, Klaus zu meiden. In die Mittagspause nimmt er ihn nicht mehr mit, um Rat in Projekten fragt er andere Kolleg*innen und im direkten Gespräch wird er einsilbig.*

Schon bald ist das Verhältnis von Klaus und Johannes schwierig geworden, das Miteinander deutlich abgekühlt, die Zusammenarbeit erschwert.

*Hätte Johannes Klaus stattdessen frühzeitig auf sein Verhalten angesprochen, ihn gefragt, aus welchem Bedürfnis heraus er so mit dem Vorgesetzten umgeht, hätte dieser ihm vielleicht geantwortet, dass ihm zwischenmenschliche Kontakte und Austausch enorm wichtig sind – ganz gleich ob mit Kolleg*innen oder Führungskräften. Und er hätte berichtet, dass er ein geringes Maß an Autonomie hat und er gern sehr nah und eng mit Menschen zusammenarbeitet.*

Aus einem solchen Gespräch wären beide Kollegen mit Verständnis für den jeweils anderen herausgegangen, die Vertrauensbasis im Miteinander hätte sich aufgrund des offenen Austauschs eher noch verstärkt.

Sich also eine Offenheit für die Motive und Bedürfnisse des Gegenübers zu bewahren und sich der Mechanismen im Arbeitsalltag bewusst zu sein ist der erste Schritt auf dem Weg zu einem angenehmen und offenen Miteinander.

Darum ist es wichtig

… für die Mitarbeitenden.

Mit dem Wissen um die Motive eines Menschen, egal ob Führungskraft oder Mitarbeitende, halten wir einen wichtigen Schlüssel in der Hand. Er öffnet buchstäblich die Türen zu mehr persönlichem Glück und Zufriedenheit und wirkt sich damit positiv auf das Employee Engagement und damit den Unternehmenserfolg aus. Mitarbeitende, die so gesehen und akzeptiert werden, wie sie sind und auf eine für sie passende Weise gefördert werden, sind resilienter und eher geneigt, dem Unternehmen verbunden zu bleiben.

… für die Führungskräfte.

Führungskräfte bedürfen hier der besonderen Unterstützung, denn ihnen kommt auch hier (wie so oft) eine Doppelrolle zu. Als Kommunikator*innen haben sie eine besondere Vorbildfunktion. Nun haben aber auch Führungskräfte menschliche Grundbedürfnisse und auch für sie ist Vertrauen essenziell wichtig. Auch für sie gilt es deshalb, die eigenen Motivatoren, Stressoren und Antreiber zu identifizieren und zu berücksichtigen. Gleichzeitig liegt es in ihrer Hand, alle Führungskräfte der verschiedenen Management-Ebenen ins Boot zu holen, um die Kultur im Unternehmen zugunsten aller Mitglieder der Organisation zu optimieren. Hierzu benötigen sie die Unterstützung der Kommunikator*innen.

4.6 Wie Engagement entsteht

Für den Unternehmenserfolg ist es hochrelevant, engagierte Mitarbeitende und Führungskräfte zu haben. Sie sind die allerbesten Botschafter*innen für die Werte unserer Marke. Engagierte Mitarbeitende sind diejenigen, die sich für ihre Arbeit einsetzen, begeistern und sich damit identifizieren. Durch ihr Zutun werden Marke und das Unternehmen nahbarer, menschlicher und bekommen „ein Gesicht“, mit dem Kundinnen und Kunden, neue Mitarbeitende und andere Stakeholder sich identifizieren können.

Geht es beispielsweise um relevante Themen für den Unternehmensblog, Employer-Branding-Kampagnen oder andere externe Themen, sind die Ideen der Mitarbeitenden, die von dem Thema direkt betroffen sind, eine wertvolle Quelle. Sie kennen die Produkte, die Herausforderungen und Themen der Kundinnen und Kunden und das Unternehmen selbst. Aber auch für die Interne Kommunikation sind diese Redakteur*innen wertvoll.

Sie sind in der Lage, das Gefühl, die Kultur und die Atmosphäre des Arbeitsplatzes besser nachzuempfinden als jede*r andere außerhalb Ihres Unternehmens. Wenn Sie diese Elemente in Ihre Blogbeiträge einbeziehen, werden diese automatisch authentischer. Die direkt aus der Feder der Mitarbeitenden sind sie noch glaubwürdiger, denn offensichtlich ist dies keine Information von „oben“ nach „unten“, sondern eine, die direkt aus der Sichtweise und Feder von Kolleg*innen kommt.

Was macht engagierte Mitarbeitende aus?

Engagement ist nicht allein ein Vorteil für die Unternehmen. Ich möchte Ihnen an dieser Stelle die jährliche Lektüre des Gallup Engagement Indexes ans Herz legen. Darin erhalten Sie einen wertvollen Überblick dazu, wie es um die Stimmung der Mitarbeitenden in Unternehmen steht.

Die Ergebnisse belegen für Mitarbeitende mit hohem Engagement mehr Produktivität (18 %) und bessere Arbeitsergebnisse. Sie haben weniger Fehltage (81 % weniger sogar). Dies lässt keinen Rückschluss drauf zu, dass sie sich für den/die Arbeitgeber*in verausgaben, denn 66 % fühlen sich wohler und sind erfolgreicher.

Der Schlüssel zu motivierter Arbeit ist eine emotionale Bindung an den/die Arbeitgeber*in. Diese Zahlen sind allerdings seit Jahren niedrig, allerdings mit sukzessivem Aufwärtstrend. Die gleiche Studie kommt zu dem Ergebnis, dass 83 % der befragten Mitarbeitenden keine emotionale Bindung zu ihrem/ihrer Arbeitgeber*in haben. Es ist zu erwarten, dass diese Zahl sich mit dem gestiegenen Bemühen der Arbeitgeber*innen um ihre Arbeitnehmer*innen in der Corona-Phase langsam verbessert. Hier ist jedoch noch viel zu tun.

Employee Engagement im Dreiklang

Um Mitarbeitende für das Unternehmen zu begeistern und sie mitzunehmen, müssen Verantwortliche auf drei Bereiche schauen: die Organisation selbst, den Job und das Team.

Mitarbeitende sollten sich als Teil der Firma fühlen, die Ziele kennen und die Werte leben. Der Purpose („Reason Why“) muss bekannt sein. Gleiches gilt für den Job. Mitarbeitende müssen genau wissen, warum dieser Job so wichtig ist und welche Relevanz er im Kontext hat. Der eigene Beitrag, den jede und jeder Einzelne leistet, muss klar definiert und bekannt sein. Fühlen die Mitarbeitenden sich dann noch als vollwertiges Teammitglied anerkannt, vertrauen einander und kommunizieren auf Augenhöhe, sind die Voraussetzungen für ein hohes Engagement komplett.

Denn das Mitarbeitendenengagement basiert auf Vertrauen, Integrität, gegenseitigem Engagement und Kommunikation zwischen einer Organisation und ihren Arbeitnehmenden. Es ist ein Ansatz, der die Chancen auf geschäftlichen Erfolg erhöht und zur Leistung, Produktivität und zum Wohlbefinden der Organisation und des Einzelnen beiträgt. Es variiert von gering bis groß.

Beim Employee Engagement geht es darum, die eigene Rolle in einer Organisation zu verstehen und sich dort, wo sie dem Zweck und den Zielen der Organisation entspricht, zu erkennen und zu motivieren.

Wichtig ist, dass Mitarbeitende als vollwertige Mitglieder in das Team einbezogen werden und sie sich auf klare Ziele konzentrieren können, Vertrauen haben und befähigt werden, regelmäßiges und konstruktives Feedback erhalten, bei der Entwicklung neuer Fähigkeiten unterstützt werden, für die Leistung Dank und Anerkennung erhalten.

Engagierte Organisationen haben starke und authentische Werte, mit klaren Beweisen für Vertrauen und Fairness, die auf gegenseitigem Respekt basieren, wobei gegenseitige Versprechen und Verpflichtungen – zwischen Arbeitgeber*innen und Arbeitnehmer*innen – verstanden und erfüllt werden.

Es ist wichtig, dass Mitarbeitende Stolz und Loyalität empfinden, dass sie für Ihr Unternehmen arbeiten, dass sie große Fürsprecher*innen des Unternehmens gegenüber ihren Kunden, Nutzer*innen und Auftraggeber*innen sind, dass sie sich die Mühe machen, eine Arbeit zu Ende zu bringen.

Beim Mitarbeitendenengagement geht es auch darum, das Wissen und die Ideen der Mitarbeitenden zu nutzen, um Ihre Produkte und Dienstleistungen zu verbessern und ihre Arbeitsweise innovativ zu gestalten (siehe Kap. 2). Dies zeigt Abb. 4.4.

Abb. 4.4 Quelle: https://www.gallup.com/workplace/285674/improve-employee-engagement-workplace.aspx#ite-357473

Die Treiber für Employee Engagement[1]

Damit das Engagement wirklich vorangebracht wird und verfestigt werden kann, sollten die folgenden Faktoren nicht unterschätzt werden:

- Das (Arbeits-)Leben der Menschen ist im Wandel begriffen. Es geht schon lange nicht mehr um Arbeit als Geldbeschaffungsmaßnahme. Die Menschen möchten Bedeutung in ihrer Arbeit sehen, wirksam sein, einen Unterschied machen, etwas Sinnvolles leisten. Sie wollen für das bekannt sein, worin sie gut sind.
- Mitarbeitende brauchen deshalb mehr als nur ein flüchtiges gutes Gefühl und einen guten Gehaltsscheck. Geld ist ein Motivator, aber nicht der einzige und sicher nicht für jeden Menschen der wichtigste.
- Die überwiegende Mehrheit der Menschen wünscht sich Beziehungen, vor allem zu einem Vorgesetzten, der sie auf die nächste Stufe heben kann.

[1] https://montuapartner.sharepoint.com/:p:/s/MPCLeistungen/Eex3d7br4KdIr5GkFCVLzsEB1HduFiJac6vh0bKNfhpBPw?e=RDHpbt

- Eine der größten Entdeckungen der oben zitierten Gallup-Studie: Der/Die Manager*in oder Teamleiter*in allein ist für 70 % der Unterschiede im Engagement des Teams verantwortlich.

4.7 D E I – Mixed Teams @work

Ein wichtiger Hebel, der für Wohlbefinden der Mitarbeitenden sorgt, ist die wertschätzende Gleichbehandlung aller.

Diversity, Equity & Inclusion (Diversität, Gleichstellung und Inklusion) ist seit einiger Zeit recht weit oben auf der strategischen und kommunikativen Aktivitäten-Liste der Unternehmen – manchmal nicht ganz freiwillig, obwohl die Chancen, die das Thema mit sich bringt, wirklich überzeugend sind.

Diversity. Der Begriff Diversity beschreibt die Unterschiede von Menschen in einem Unternehmen bzw. in einem Team. Dazu gehören Alter und Herkunft, ethnische Zugehörigkeit, Religion, Geschlecht, sexuelle Orientierung und natürlich sind Menschen mit und ohne Behinderung gemeint. Schon während man dies liest, kommen die Bedenken.

Equity. Darunter verstehen wir die formale und rechtliche Gleichstellung aller Mitarbeitenden. Ziel ist es, jedem wirklich die gleichen Chancen einzuräumen. Dabei wird jedes Individuum befähigt, Chancen und Entwicklungsmöglichkeiten wahrzunehmen. Anders als bei der Gleichbehandlung (Equality) wird hier nicht jede*r gleich behandelt, denn dann würden Unterschiede bestehen bleiben. Vielmehr werden individuelle Bedürfnisse berücksichtigt und so allen eine passende Unterstützung ermöglicht.

Inclusion. Inklusion hat das Ziel, dass sich alle Mitarbeitenden zugehörig und wertgeschätzt fühlen – mit all ihren individuellen Eigenschaften. Dies ist keine Selbstverständlichkeit, die beispielsweise entsteht, wenn viele unterschiedliche Personen zusammenarbeiten. Vielmehr muss sie aktiv initiiert und ausgestaltet werden. Nur dann kann sich jede und jeder zugehörig, wertgeschätzt und angenommen fühlen.

Jedes Teammitglied, so das erklärte Ziel, soll sich gleichermaßen willkommen und respektiert fühlen, ungeachtet aller Unterschiede. Hat jedes Teammitglied das Gefühl, sich zeigen und verwirklichen zu können und wirksam zu sein, steigt die Wahrscheinlichkeit, dass er oder sie zufrieden, produktiv und innovativ ist. Aber wie erreicht man das im Alltag? Wie vereine ich Menschen, die politisch oder religiös komplett konträre Auffassungen haben? Aus unterschiedlichen Generationen und – bewusst oder unbewusst – mit Vorurteilen zu kämpfen haben?

Für Unternehmen sind dies sehr relevante Handlungsfelder mit weitreichenden Auswirkungen, etwa auf die Performance, die Innovationskraft und die Arbeitgeber*innenattraktivität. Gespräche über DIE werden mit viel Leidenschaft geführt. Das ist verständlich und auch gut so. Wenn es um das Sein von Menschen, ihre berufliche und private Identität, Fairness, Gleichberechtigung und Wohlbefinden geht, ist Engagement durchaus angebracht.

Die Vorteile von Mixed Teams

Die Mitglieder eines gemischten Teams blicken auf unterschiedliche Hintergründe – und somit auf ganz verschiedene Wissensquellen zurück. So finden Designer*innen sicher andere Lösungswege als Ingenieur*innen, Männer andere als Frauen. Insgesamt zeigen divers aufgestellte Teams ein breiteres Spektrum an Erfahrungen und Herangehensweisen – der mögliche Lösungsraum wird damit größer und lädt zu mehr Innovation ein.

Haben viele Teammitglieder die gleiche Ausbildung oder Vorprägung, dann sind auch ihre erlernten oder angewöhnten Muster ähnlich. Besteht das Team etwa mehrheitlich aus Mitgliedern des gleichen Geschlechts, einer bestimmten Fachhistorie, einer ähnlichen Altersklasse oder anderen Ähnlichkeiten, entsteht die Tendenz zum Gruppendenken. Das Team wird bestimmte Konflikte vielleicht nicht haben – dafür aber andere Themen. Vielleicht werden Konflikte gar nicht erst angesprochen und es kommt zu „stillschweigenden Übereinkünften". Auch werden die Lösungswege der Teammitglieder weitgehend identisch sein. In der schnelllebigen Geschäftswelt ist das kein Vorteil.

Die Herausforderungen bei der Umsetzung
In Mixed Teams besteht, zumindest zu Beginn, die Gefahr, dass Konflikte sich nicht ausschließlich auf die Sachebene beziehen. So haben unterschiedliche Generationen andere Auffassungen von Geschwindigkeit, von der Art und Weise, wie eine Lösung gefunden werden kann, und sicher auch davon, wie die Zusammenarbeit generell aussehen soll. Auch Personen unterschiedlicher Nationalitäten, Bildungsgrade und sozialer Schichten verhalten sich individuell anders. Hier gilt es, das Verbindende, das jeweils Einzigartige und Wertvolle zu finden und dies auch für das Team sichtbar und transparent zu machen.

Seien Sie offen für das Thema Diversität. Sie werden sehen: Es lohnt sich und auch die Teammitglieder profitieren von den unterschiedlichen Einflüssen der einzelnen Personen.

Die Befürchtung mancher Organisationen, sich auf diese Weise vielleicht unerwünschte Konflikte ins Haus zu holen, ist eigentlich immer unbegründet – denn ein Konflikt an sich ist nicht das Problem. Die Herausforderung liegt meist darin, den Konflikt konstruktiv zu managen. Und das ist bei eher homogenen Teams nicht einfacher – ganz im Gegenteil.

In Unternehmen, die sich DEI verschrieben haben, kann die interne Kommunikation durch Teambegleitung, Moderation und Workshops die strategischen Prozesse begleiten und als Unterstützung heterogener Teams fungieren. Stellen Sie sich folgende Fragen, um sich den DIE-Gedanken zu nähern:

- Sprechen wir jedes Mitglied unserer Organisation gleichermaßen wertschätzend und respektvoll an?
  Tipp: Gendern Sie. Es macht einen Unterschied. Schreiben Sie Texte so, dass sowohl die Desk Worker als auch die Blue Collar Worker sie verlässlich verstehen. Reduzieren Sie Anglizismen und fachspezifische Formulierungen, die einen Teil Ihrer Fokusgruppe ausschließen. Vergessen Sie auch die festen freien Mitarbeitenden oder die Beschäftigten der Zeitarbeitsfirmen nicht.
- Zahlen wir gleichberechtigt?
  Tipp: Der Gender Pay Gap ist erstaunlicherweise noch immer wahnsinnig hoch. Sollte das auch bei Ihnen im Unternehmen der Fall

sein, können transparente Gehaltsbänder ein mögliches Mittel sein. Unterstützen Sie HR dabei, definierte Karrierewege zu formulieren, um anschaulich zu machen, welche Entwicklungsmöglichkeiten sich Ihren Mitarbeitenden bieten. Dies wirkt zusätzlich attraktiv auf potenzielle Bewerber aus.

- Ist unser Einstellungsverfahren fair?
  Tipp: Zeigen Sie gleich bei den Einstellungsverfahren, in welchen Wertewelten Sie zu Hause sind. Tipps dazu, was Bewerber*innen nicht wollen, finden Sie reichlich. Zeigen Sie Ihre Unternehmenswerte voller Stolz. Nur so können neue Teammitglieder sehen, dass Sie Teil eines großartigen Unternehmens werden.

4.8 Unterstützung durch die interne Kommunikation

Auf zwei Ebenen können interne Kommunikateur*innen das Themenfeld unterstützen:

- Mit einem Blick auf die Mitarbeitenden – bspw. in Form einer Analyse und Auswertung ihrer genauen Bedürfnisse. Diese wird als Basis für die Berücksichtigung von deren Grundbedürfnissen und Motivationen genutzt.
- Mit einem Blick auf die Führungskräfte – in Form von Unterstützung und Befähigung in ihrer Rolle als Kommunikator*in. Nicht selten ist hier eine Beratung der Führungskräfte gefragt, um sie mithilfe eines besseren kommunikativen Werkzeugkoffers zu einer empathischeren Führung zu motivieren. Und, ja, die IK kann und sollte Führungskräfte in ihren Rollen unterstützen. Sie schafft Bewusstsein für die unterschiedlichen Rollen, für die Notwendigkeit der Kommunikation und die positive Wirkung guter Kommunikation. In dieser Eigenschaft ist die IK eine unentbehrliche Unterstützung – egal ob im Tagesgeschäft oder in Veränderungssituationen

In Kürze: Die wichtigsten Fragen rund um das Thema Grundbedürfnisse:

- Welchen Weg kann ich wählen, um in einen offenen Austausch mit meinen Mitarbeitenden zu kommen, um mehr über ihre Motive und Bedürfnisse zu erfahren und auch über meine eigenen Motive zu sprechen?
- Welches Verhalten und welche Kommunikation muss ich wählen, um konsistent zu sein und Vertrauen zu erzeugen?
- Welche Tools bieten sich an für die Themen, die ich zu kommunizieren habe? Aus welchem Grund wähle ich einen bestimmten Kanal?
- Welche Wege bieten sich an, um möglichst vielen Kolleginnen und Kollegen den Zusammenhang zwischen Bedürfnissen, Motiven und Motivation zu verdeutlichen?

Ein Tipp zum Schluss

In diesem Buch lesen Sie viel über Partizipation und darüber, wie Sie erfahren, was die Mitarbeitenden sich wünschen und benötigen. Ich persönlich denke, das DEI eines der wichtigsten Themen für die kommenden Jahre ist und das Potenzial noch lange nicht ausgeschöpft ist.

Warum glaube ich das? Wir sehen uns mit einem Fachkräftemangel konfrontiert, der seinesgleichen sucht. Unsere Gesellschaft wird älter, die Krisen kommen in immer schnellerer Abfolge. Kaum ein Team ist mehr homogen und genau das kann der entscheidende Vorteil sein. Was Ihnen durch herausfordernde Zeiten hilft, ist ein gutes, verlässliches, solides Teamgefühl. Diesen festen Zusammenhalt bei gleichzeitiger Flexibilität erreichen Sie nur, wenn die einzelnen Personen sich gesehen und wertgeschätzt fühlen.

5 Tools und Inhalte

Ein Beispiel aus der Praxis

Claudia F. weiß nicht recht, was sie im nächsten Schritt mit den Ergebnissen der fünf Fokusgruppenbefragungen machen soll, die sie von einer externen Beratung zu Beginn des Jahres hatte durchführen lassen. Zu widersprüchlich wirken sie: Zum einen haben die Mitarbeiter innen und Mitarbeiter des Familienbetriebes ihr bestätigt, was sie bereits vermutet hatte – sie fühlen sich nicht gut genug über die Belange im Unternehmen informiert. Grundlegendes würde in der Alltagskommunikation nicht angesprochen, so die einhellige Meinung aus den Gesprächen. Oft würden Themen aus den Projekten erst deutlich zu spät bei relevanten Beteiligten in den Fokus kommen.

Zum anderen aber bemängeln die Mitarbeitenden im gleichen Atemzug ein Zuviel an Tools und Formaten. Sie wünschen sich eine Verschlankung beim Angebot an Mails, Newslettern und Artikeln im Intranet und in der Mitarbeitenden-Zeitschrift.

Der Grund? Keine Zeit zum Filtern, keine Zeit zur Lektüre, keine Zeit zum Priorisieren: „Wer soll denn das alles noch lesen können neben dem eigentlichen Job?", so die immer wieder formulierte Frage.

*Natürlich, verstehen kann Claudia F., wie diese Widersprüche zustande kommen. Es konkurrieren einfach zu viele Veränderungen und gleichzeitige Projekte um die begrenzte Aufmerksamkeitskapazität der Kolleg*innen.*

A. Montua, *Führungsaufgabe Interne Kommunikation*,
https://doi.org/10.1007/978-3-658-41715-4_5

Wie genau aber soll es ihr gelingen, diese teils konträren Wünsche und Bedürfnisse im Rahmen der neuen Kommunikationsstrategie mit Leben zu füllen? Wie kann sie die relevanten Inhalte für die Zielgruppen finden und positionieren?

5.1 Die Message in acht Sekunden

„Die Aufmerksamkeit anderer Menschen ist die unwiderstehlichste aller Drogen", schrieb Georg Franck bereits 1998 in seinem bis heute vielfach zitierten Bestseller „Ökonomie der Aufmerksamkeit" (Franck 1998). Mehr als zwanzig Jahre ist es her, dass der Architekt, Volkswirt und Philosoph den Begriff der Aufmerksamkeitsökonomie prägte. Doch selten war diese Wortschöpfung relevanter und bedeutsamer als in der heutigen Zeit.

Mit unserer zunehmenden Vernetzung durch vorwiegend elektronische, onlinebasierte Medien und einer fast selbstverständlichen Nutzung dieser Angebote im Alltags- und Berufsleben verringern sich die Kosten und Zugangsbarrieren mehr und mehr. Der beschränkende Faktor ist also nicht mehr der Zugang zu den Medien. Es ist der Aufmerksamkeitsgrad, der das Ausmaß unserer Beschränkung bestimmt.

So auch bei den Medien innerhalb der Unternehmen. Die aktuelle Herausforderung ist meist nicht mehr die begrenzte Menge an Informationen. Oder an Tools. Schwierigkeiten macht uns vielmehr unsere begrenzte Möglichkeit, Informationen aufzunehmen.

Marketing-Kolleg*innen haben diesen Fakt längst in eine griffige Formulierung gegossen: „Aufmerksamkeit ist das Erdöl des 21. Jahrhunderts." In der Tat: Aufmerksamkeit ist die knappste Ressource, bei uns selbst ebenso wie bei den Menschen um uns herum. Schon kurz nach der Geburt lernen wir, dass Aufmerksamkeit unser Überleben sichert – und arbeiten mit einfachsten Methoden wie Schreien und Lächeln daran, sie uns zu sichern. Mit zunehmendem Alter ändern sich (teilweise) die Methoden, doch die „Währung" bleibt: Zuwendung unserer Mitmenschen in Form von Aufmerksamkeit, Reputation und Wertschätzung ist das, was wir uns wünschen.

Auch im Unternehmensumfeld hat sich der Ansatz der Aufmerksamkeitsökonomie in den letzten Jahren durchgesetzt. Dabei geht es um das Bewusstsein, das eigene Handeln auf ein Mehr an Aufmerksamkeit und Anerkennung abzustimmen. Betrachtet wird das beispielsweise im Konzept der „Attention Economics" von Herbert A. Simon (Simon 1967). Der Autor beschreibt unter anderem das Gesetz der Information, bei dem das schnelle Wachstum an Informationen eine Aufmerksamkeitsarmut verursache. Rar sind nicht mehr die Informationen; rar sind die Hirne, die sie verarbeiten können.

Passend dazu veröffentlichte Microsoft in Kanada vor einigen Jahren eine Studie, nach der unsere Aufmerksamkeitsspanne mit acht Sekunden sogar kürzer sei als die von Goldfischen (neun Sekunden) und fand damit weltweit mediale Aufmerksamkeit. Grund für die ja fast blamabel kurze Phase menschlicher Aufmerksamkeit seien die diversen Einflüsse und Reize, denen wir täglich ausgesetzt sind. Diese Informationsflut sorge dafür, dass unsere Aufmerksamkeitsspanne in den zurückliegenden fünfzehn Jahren um mehr als drei Sekunden gesunken sei.

Zugegeben, die Daten und Rückschlüsse der Microsoft-Studie sind nach wie vor umstritten. Woher beispielsweise haben die Forschenden die Information, wie lange Goldfische sich auf etwas konzentrieren können? Und wie vermessen die Teams von Microsoft das, was sie „Aufmerksamkeitsspanne" nennen? Dennoch bestätigt diese Publikation eine Tendenz, die wir in den Unternehmen schon seit Längerem zu spüren bekommen: Kommunikator*innen haben immer weniger Zeit, Botschaften, die ihnen und dem Unternehmen wichtig sind, bei den Mitarbeitenden an den Mann und an die Frau zu bringen. Nicht nur, dass die Aufmerksamkeitsspanne selbst im Allgemeinen kleiner geworden ist. Verstärkend kommt hinzu, dass die Menge der Informationen, die um unsere Aufmerksamkeit wetteifern, kontinuierlich wächst.

Kommunikator*innen müssen sich deshalb einiges einfallen lassen: Formate, Themen und Gestaltung sollen die Aufmerksamkeit ihrer Zielgruppen innerhalb kürzester Zeit erregen. Zugleich müssen sie in diesen wenigen Sekunden überzeugen können, dass die Inhalte den Zielpersonen einen echten Mehrwert bieten.

Denn Zielgruppen zu langweilen führt heute schneller denn je dazu, dass Medien erst gar nicht genutzt werden. Je größer die vermeintlich drohende Langeweile, desto stärker schrumpfen aus Sicht der Zielgruppen Relevanz und Bedeutsamkeit des Informationsangebots. So etwas wie „selbstverständliche Pflichtlektüre" gibt es in der digitalisierten Welt nicht mehr.

Doch damit nicht genug: Es sind immer mehr Personen und Bereiche im Unternehmen, die sich die Aufmerksamkeit der Führungskräfte und Mitarbeitenden wünschen. Sie buhlen um die wenigen Minuten, die wir neben Projekten und Meetings noch haben, um uns mit den für uns wichtigen Informationen aus dem Unternehmensumfeld zu befassen. Unser Gehirn filtert deshalb sämtliche Reize für uns. Wir nehmen nur das wahr, was uns wirklich von Bedeutung scheint. Alle anderen Themen blenden wir teils bewusst, teils unbewusst aus.

Dieser Filtervorgang läuft de facto permanent ab: Sie lesen gerade dieses Buch und sind vielleicht der festen Überzeugung, dass Sie dabei sehr konzentriert vorgehen. Dabei wechselt Ihr Gehirn in Wahrheit mehrmals pro Sekunde seinen Fokus. Forscher der Princeton University fanden heraus, dass unsere Aufmerksamkeit alle 125 bis 250 Millisekunden von hochfokussiert zu unfokussiert schwankt (Kastner 2018).

Ergo: Wie wir Aufmerksamkeit wahrnehmen und dass wir denken, wir könnten uns lange und intensiv fokussieren, ist diesen Ergebnissen zufolge vor allem eins: eine große Selbsttäuschung.

5.2 Was wirklich wichtig ist

Uns alle begleitet im Alltag also ein ständig mitlaufender Relevanzfilter. Die Relevanz ist damit die beste Währung, wenn es darum geht, die Aufmerksamkeit der Mitarbeiter*innen und Führungskräfte für unsere internen Medien und Botschaften zu erhalten. Kolleg*innen werden kaum Interesse zeigen an Informationen, die nicht ihre Bedürfnisse nach Zugehörigkeit, Mitbestimmung und Angstfreiheit berühren. Was bei Suchmaschinen schon seit Jahren perfektioniert wird, die strikte

Priorisierung nach Relevanz, ist auch in der Internen Kommunikation ein Schlüssel zum Interesse und zur Motivation der Zielgruppen.

Ganz grundsätzlich erst einmal: die Aufmerksamkeit der Kolleg*innen zu wecken.

Im besten Fall mit Inhalten und Botschaften, die wichtig und glaubwürdig sind, gern konsumiert, gelesen oder angeschaut werden. Verständliches Formulieren und Gestalten hilft dabei, das Interesse von Lesenden oder Zuschauenden aufrechtzuerhalten.

Erst wenn diese Stufen des Relevanzfilters genommen sind und die Kolleg*innen sich noch immer nicht für die „Ablage P" (den virtuellen Papierkorb) entschieden haben, erhält ein Format bzw. ein Inhalt ihre echte Zustimmung. Und im besten Fall dann auch Likes oder Weiterempfehlungen. Nur dann wird Content gerne genutzt, geteilt und als glaubwürdig erachtet.

Schauen wir uns die einzelnen Filter jetzt etwas genauer an:

5.2.1 Aufmerksamkeit erzeugen

Als Bewertungsgrundlage dienen unserem Gehirn beim Wecken von Aufmerksamkeit intrinsische, also von innen kommende Anreize. Dazu gehören beispielsweise seelentief verankerte Wertvorstellungen, Bedürfnisse und Wünsche. Ergänzt wird diese Basis durch extrinsische, also von außen stammende Anreize, etwa Belohnungen.

Verspüren wir zum Beispiel Durst, erregen Bilder und Angebote von Getränken eher unsere Aufmerksamkeit als Möbel- oder Bekleidungsprospekte. Wenn wir Urlaub benötigen, reagieren wir schneller und emotionaler auf Ferienprospekte.

Doch nicht nur nach den Anreizen filtert unser Gehirn – noch intensiver und direkter sind die Signale, die von Situationen, Menschen, Begrifflichkeiten ausgehen, die in uns ein Gefühl von Angst erzeugen.

Die Amygdala, auch als sogenannter „Mandelkern" bekannt, beeinflusst als Teil des limbischen Systems in unserem Gehirn unsere Emotionen und Gefühle maßgeblich mit. Vor allem, wenn Wut und Angst auftreten, ist sie im Spiel. Diese Hirnregion bewertet und erkennt Situationen (wieder), die als risikoreich eingestuft werden und aus denen unsere Impulse Erstarrung, Flucht oder Kampf hervorgehen. Bewertet die Amygdala also auf uns einströmende Reize als beängstigend, gibt sie das Signal zur Abgabe von Stresshormonen an den Körper. Der wiederum reagiert mit Angst – mit Auswirkungen auf der körperlichen Ebene (Schwindel, Herzrasen) oder/und emotional-kommunikativer Natur (Schweigen, Wut, den Raum verlassen).

Was bedeuten diese Ergebnisse für die Unternehmenskommunikation? Wie können wir sie nutzen, um bei unseren Empfänger*innen ein großes Maß an Aufmerksamkeit zu erlangen?

Wir alle haben zahlreiche Möglichkeiten, um mit aktuellen Informationen die Aufmerksamkeit von Kolleg*innen zu wecken: Zielgruppengerecht aufbereitete Inhalte und Botschaften, die durch Optik, Farben, Bewegung, Größe und Geruch verstärkt werden, sind der Schlüssel. Kein Wunder also, dass Kampagnen in der Internen Kommunikation eine große Bedeutung zukommt.

Aus der Hirnforschung wissen wir zudem, dass angsteinflößenden Botschaften oder auch einer mangelnden/mangelhaften Kommunikation von unserem Gehirn die größte Bedeutung von allen beigemessen wird. Das heißt für die Praxis:

In Situationen, die die Belegschaft als unsicher empfindet, etwa Phasen der Veränderung, ist Schweigen die denkbar schlechteste Form der Internen Kommunikation. Es ist kontraproduktiv, sprachlos auf „belastbare“ Informationen zu warten. Bei den Zielgruppen erzeugt auch gut gemeintes Schweigen Angst und Sorge, die Amygdala gerät in Aufruhr.

Seien Sie sich des berühmten Axioms von Paul Watzlawick bewusst, dass niemand nicht kommunizieren kann: Selbst wenn Sie nicht sprechen, kommen also Botschaften bei Ihrem Gesprächspartner oder Ihrer Gesprächspartnerin an. Deshalb ändern Sie Ihre Kommunikationsstrategie am besten so, dass auch Informationen weitergegeben werden, die noch nicht zu 100 % sicher sind. Teilen Sie diesen Unsicherheitsfaktor Ihren Mitarbeitenden vertrauensvoll mit. Eine solche Offenheit schafft Transparenz, Stabilität und stärkt den Rückhalt in den eigenen Reihen.

Möchten wir in den Aufmerksamkeitsradar unserer Kolleg*innen gelangen, helfen uns zudem die sieben sogenannten Faszinationstrigger (Parr 2015). Sie zu kennen und zur richtigen Zeit kommunikativ einzusetzen hilft uns, unser Ziel – die volle Aufmerksamkeit unserer Zielgruppen – zu erreichen:

1. Automatiktrigger: Er löst eine sofortige Aufmerksamkeit aus, unter anderem durch Reize, die für uns Gefahr symbolisieren, oder aber auch durch die Nennung unseres Namens.
2. Framingtrigger: Er nimmt die Sorgen der Menschen auf, verbindet sie mit den Werten des Unternehmens und sorgt so für eine neue Sicht auf die Dinge.
3. Disruptionstrigger: Er stört die ursprünglichen Erwartungen der Empfänger*innen. Diese versuchen herauszufinden, ob es sich um eine Gefahr oder eine Chance handelt, und sind offen für die Inhalte der Botschaft.
4. Belohnungstrigger: Er lockt mit Vorteilen, die Rezipient*innen dem eigentlichen Ziel näherbringen und/oder deren Bedürfnisse befriedigen.
5. Reputationstrigger: Er inspiriert Rezipient*innen und wirkt vertrauensfördernd, unter anderem durch Testimonials, Expert*innen und Influencer*innen.
6. Mysterytrigger: Er weckt die Neugier der Zielgruppen, meist durch den Einsatz von Storytelling.
7. Danksagungstrigger: Er schafft eine emotionale und auf Vertrauen basierende Verbindung zur Zielperson, etwa durch eine persönliche und empathische Ansprache oder Information

5.2.2 Thematische Relevanz

Sie erinnern sich vielleicht noch an die Kap. 3 und 4 – es ging um die Bedürfnisse Ihrer Zielgruppen. Und ich hatte dabei die Notwendigkeit betont, die Optimierung Ihrer Internen Kommunikation strategisch anzugehen.

Darauf sei an dieser Stelle noch einmal hingewiesen: Nur, wenn Sie die Bedürfnisse und Wünsche Ihrer Zielgruppen kennen, können Sie die Inhalte und Instrumente so wählen, dass sie gern konsumiert werden. Im besten Fall werden sie sogar weiterempfohlen und proaktiv mit weiteren Themen befüllt.

Es ist wie beim Essen: Wenn Sie Ihrem Gast ungefragt ein Gericht vorsetzen, das lieblos zubereitet ist und das er nicht mag, können Sie wohl kaum erwarten, dass er es begeistert „verschlingt". Im Gegenteil: Der größte Teil wird unangerührt auf dem Teller zurückbleiben. Da hilft es, vorher zu fragen: „Worauf hast du Appetit?", und dann mit Sorgfalt etwas Passendes zuzubereiten.

So ist das auch mit Ihrer „Speisenfolge" für die Interne Kommunikation:

Kommunizieren Sie bitte nicht wahllos, weil es der Fachbereich oder die Geschäftsführung gerade von Ihnen verlangt oder weil Sie Ihrem persönlichen Geschmack folgen. Nehmen Sie zunächst die Perspektive der Empfänger*innen ein. Analysieren Sie die Bedarfe. Erstellen Sie einen Themenplan. Und sorgen Sie für eine appetitliche Mischung aus eigeninitiierten und fremdbestimmten Themen.

Ein Hinweis noch aus dem Praxisalltag in den Unternehmen:

Kennen Sie die Diskussionen über den richtigen Zeitpunkt für gewisse kommunikative Maßnahmen? Eingeschlossene Sätze wie „Dazu können wir jetzt noch nichts sagen, die Aktionär*innen sind noch nicht informiert" oder „Es ist noch nicht klar, was diese Entscheidung an Auswirkungen in den Bereichen nach sich ziehen wird, deshalb sollten wir noch nicht kommunizieren. Wir sollten abwarten, bis die Ergebnisse da sind".

Das war mal hohe Kommunikationskunst – ganz, ganz früher, als es vom Kollegium mangels Alternativen wohl oder übel geduldet werden musste. Heute ist eine solche Haltung überholt und führt an so mancher Stelle zu rumorenden Diskussionen, die sich bis zum Aufstand auswachsen können.

Ergebniskommunikation muss mehr und mehr einer Prozesskommunikation weichen. Ihre Kolleg*innen wünschen sich, ins Vertrauen über Entwicklungen des Unternehmens gezogen zu werden. Sie halten Unsicherheit deutlich besser aus, wenn sie durch eine ehrliche Kommunikation schrittweise flankiert wird.

Nutzen auch Sie die Möglichkeit, mit einer transparenten und authentischen Internen Kommunikation das Vertrauen Ihrer Mitarbeitenden (zurück) zu gewinnen. Steigern Sie durch abgestimmte Interne

Kommunikation in Alltags- und Veränderungssituationen Ihre Glaubwürdigkeit.

5.2.3 Inhalt und Optik

Haben Sie mit Ihren Botschaften und Medien den Filter der thematischen Relevanz erfolgreich passiert, gilt es, inhaltlich und optisch bei den Kolleg*innen zu punkten. Heutzutage reichen ein passabler Schreibstil und eine ansprechende Optik nicht mehr aus, um in der Fülle der Materialien, die aus allen Bereichen des Unternehmens auf uns einströmen, diejenigen herauszufiltern, die für uns relevant und interessant sind. Nutzen Sie deshalb die Möglichkeiten, die sich Ihnen über gelungenes Storytelling und die Kommunikation in Kampagnenform bieten.

5.2.3.1 Storytelling

Mit Worten und Bildern erschaffen wir Geschichten – und damit auch einen bedeutenden Teil unserer Realität. Die Sprache ist der Stoff, aus dem unsere Gedanken sind. Und sie ist das Mittel, mit dem unsere Gedanken Tag für Tag beeinflusst werden.

Worte können ein mächtiges Werkzeug sein und vieles bewegen. Sie können Menschen und ihre Handlungen beeinflussen und Einstellungen verändern. Mit den passenden Worten können wir beeinflussen, ob andere Personen uns Glauben schenken und ob sie ihre Einstellung auf eine von uns gewünschte Weise verändern.

Woran liegt es denn nun, dass man der einen Person glaubt und ihr Vertrauen entgegenbringt – und der anderen nicht? Fest steht: Es ist tatsächlich auch unsere Kommunikation, die durch ihren glaubwürdigen Charakter auf die Einstellung der Zuhörer*innen einwirken kann. Oder bei einem Mangel an Glaubwürdigkeit eben auch nicht.

Storytelling ist eine Erzählmethode, mit der wir Wissen in Bilder und Geschichten verpacken und so adressat*innengerecht weitergeben, dass sie gern aufgenommen werden. Entscheiden wir uns für Produkte, entscheidet ja auch meist nicht nur der Preis oder die Qualität, sondern oft vor allem die Geschichte, die mit dem Produkt zusammen verkauft wird.

Glaubt man aktuellen Kaufverhaltensstudien, dann wird jede, wirklich jede Kaufentscheidung emotional getroffen. Manchmal so schnell, dass wir uns dieser Emotionalität gar nicht bewusst werden. Dennoch: Der Verstand greift beim Kaufprozess tatsächlich immer erst als nachwirkende Instanz ein.

Warum fühlen wir uns durch den Kauf besser? Was verbindet uns mit den Menschen, die für dieses Produkt stehen? Tun wir vielleicht sogar etwas Gutes für uns oder andere, wenn wir dieses Produkt kaufen? Weil Kaufen eben ein durch und durch emotionaler Akt ist.

Dieses emotionale Prinzip wenden wir auch im beruflichen Kontext an: Geht es mir besser, wenn wir diesen Veränderungsprozess durchlaufen? Habe ich etwas davon, wenn wir ein weiteres Werk eröffnen? Fühle ich mich besser bzw. sind wir ein besseres Unternehmen, wenn wir mit Innovationen noch erfolgreicher werden?

Geschichten, Bilder oder Videos: Darüber möchten Menschen gerade die weniger emotionalen Inhalte besonders gern vermittelt bekommen.

Gehen Sie in Ihrer Internen Kommunikation auf dieses Bedürfnis ein. Emotionen sollen geweckt und Geschichten von Menschen erzählt werden – das sorgt für Verbundenheit und Mitgefühl.

Storytelling hat vielfältige Einsatzmöglichkeiten. Wann immer die Ansprache zielgruppengerecht umgesetzt werden soll, bieten sich Geschichten zur Vermittlung an. Die Weitergabe von Wissen, die Einführung neuer Themen und Prozesse, die Klärung von Rollen und das Anregen zu geändertem Verhalten sind nur einige der Felder, auf denen IK-Storytelling reiche Frucht tragen kann.

Sobald Sie Geschichten erzählen, erzeugen Sie Verbundenheit mit dem Protagonisten. Sie forcieren damit das Eintauchen ins Geschehen. Doch wie gehen Sie vor, wenn Sie eine gute Geschichte erzählen und Ihre Kolleg*innen begeistern wollen?

Beispielsweise so wie im nächsten Kapitel beschrieben.

5.2.3.2 In Kampagnen denken

Wetten, dass Sie sofort und aus dem Stegreif zehn Claims bekannter Werbekampagnen rezitieren können? Vielleicht sogar singen? Jetzt gerade gehen Ihnen die ersten durch den Kopf, stimmt's?

Das geht uns allen genauso und dieses Phänomen beweist eins: die Kraft guter Kampagnen. Denn je emotionaler, bildstärker oder humorvoller Werbung ist, desto eher bleibt sie hängen.

Oder halten Sie sich vor Augen, warum Gedächtniskünstler*innen sich binnen Sekunden Dutzende von Begriffen merken und stante pede in der richtigen Reihenfolge herunterrasseln können: Sie verbinden Element für Element spontan durch eine möglichst skurrile, aberwitzige, bildpralle Geschichte – Storytelling für den eigenen Kopf. Je verrückter, desto besser. Diese seit der Antike bekannte Memotechnik führt dazu, dass sich sogar die sperrigsten Begriffsketten sofort im Gedächtnis festkrallen, unlösbar und mühelos.

Natürlich sollte Ihr IK-Storytelling nicht so surreal erscheinen wie ein Fiebertraum. Doch etwas Kreativität dürfen Sie schon an den Tag legen, wenn sich Ihre Artikel vom 08/15-Beitragsbrei üblicher Machart abheben sollen.

Genau der wird aber in der Internen Kommunikation noch viel zu oft angerührt. Die Zutatenliste: eine trocken formulierte Information der Geschäftsführung per E-Mail, ein schwer nachvollzieh- und sortierbarer „News"-Mix im Intranet, eine Mitarbeitenden-Zeitschrift, die Veranstaltungsrückblicke der letzten Monate zusammensetzt. Wenn zu den klassischen Kanälen dann noch ein Social Intranet kommt, das alles ist, nur nicht social, dann schalten viele desinteressiert ab. Schließlich warten die eigenen Aufgaben nicht, bis man die interne Kommunikationsflut in Ruhe konsumiert hat. Löschen, ausblenden, ignorieren – das verspricht Linderung.

Warum fehlen uns nur oft der Mut und auch die Kreativität, um intern genauso stark aufzutreten wie extern?

Denken Sie neu, um die Kolleg*innen künftig besser zu erreichen. Es gibt viele gute Gründe, es zu versuchen und damit erfolgreich zu sein:

Gute Kampagnen lassen strategische Zusammenhänge deutlich werden.

Spielerische Elemente verpacken auch unangenehme Wahrheiten viel besser – kritische Themen werden so eher angesehen und angepackt.

Eine Kampagne kann Botschaft und Beteiligung wunderbar verbinden und so viele Erwartungen erfüllen. Interne Kampagnen dürfen auch mal laut sein, müssen aber immer ehrlich bleiben – ohne Offenheit entsteht kein echter Dialog.

Kampagnen, die kreativen zumal, verbinden einzelne Maßnahmen zu Botschaften, die im Gedächtnis bleiben. Sie wirken auf verschiedensten Kanälen und in unterschiedlichsten Formaten auf uns ein, ohne unsere Aufmerksamkeit komplett zu beanspruchen. Sie gehen subtiler, nachhaltiger, angenehmer vor als der konventionelle Holzhammer.

Eine gelungene interne Kampagne braucht:

1. **Verbindung:** Sie holt Mitarbeitende an verschiedenen Orten, bei verschiedenen Wissensständen ab, nutzt unterschiedliche Vehikel und bringt doch alle an einem gemeinsamen Punkt zusammen. Dort ist dann klar, warum sie genau an dieser Stelle gemeinsam stehen.
2. **Intention:** Alles, was gut werden muss, braucht eine klare Absicht. Wo will ich mit der Kampagne hin? Für wen mache ich das? Und wie sieht das Ziel aus, das wir mit den Kampagnenelementen erreichen möchten?
3. **Einfachheit:** Keep it simple. Je mehr es gelingt, ein Thema auf das Wesentliche zu reduzieren und dabei das größtmögliche Maß an Kreativität zu investieren, desto besser. In der Infoflut ertrinkend, wollen wir nicht noch mehr Input, sondern weniger, fokussierter, passender. Das Wenige aber soll gut und nachvollziehbar sein.
4. **Visuelle Kraft:** Einen Großteil aller Informationen nehmen wir visuell wahr. Eine Tatsache, die in der Internen Kommunikation viel zu selten genutzt wird. Wird im Rahmen einer Kampagne ein gelungenes Bild gefunden, kann dieses Key Visual für die verschiedensten Kanäle adaptiert und eingesetzt werden.
5. **Inspiration:** Anregen, begeistern und inspirieren – irgendeiner dieser Knöpfe muss gedrückt werden, sonst zündet nichts.

6. **Esprit:** Beleidigen Sie niemals die Intelligenz Ihrer Mitarbeiter*innen durch Unterforderung – eine kluge Kampagne mit Witz oder feiner Ironie kommt an, Langeweile infolge betreuten Denkens hingegen wird mit Desinteresse bestraft.
7. **Entertainment:** Im besten Fall wollen wir mit Informationen unterhalten werden. Eine Kampagne sollte die Information im Gepäck haben, sie aber niemals offen vor sich hertragen, sondern eher mit unterhaltenden Stilelementen arbeiten.
8. **Emotion:** Herz über Kopf – wenn eine Kampagne unsere Emotionen weckt, ist der Weg frei. Wir wollen mehr davon.
9. **Aktion:** Nicht jede*r ist der extrovertierte Mitmachtyp, aber alle wünschen sich, ein Teil der Gemeinschaft zu sein, und sollten eingeladen werden, sich zu beteiligen.
10. **Transparenz:** Eine interne Kampagne darf kein Fake sein; schwierige Themen sollten nicht verschleiert oder verschwiegen werden. Die Kunst ist es, sie klug einzubinden und zu erklären.
11. **Feedback:** Interne Kommunikation will den Dialog. Deshalb bietet die perfekte interne Kampagne auch immer eine Möglichkeit, Fragen zu stellen und eine Meinung zu äußern. Am besten so, dass jede*r es sehen und ein Teil der Community sein kann.

Sie haben es bis hierher geschafft und konnten alle Relevanzfilter Ihrer Zielgruppen mit Erfolg durchlaufen? Dann ist die Wahrscheinlichkeit hoch, dass die Kolleg*innen Inhalte und Optik als relevant und für den aktuellen Prozess als hilfreich beurteilen. Im (Social) Intranet werden Sie wahrscheinlich mit Likes oder Weiterleitungen belohnt, im Veranstaltungsumfeld mit Lob und Anerkennung im persönlichen Gespräch. Die Bedürfnisse der Zielgruppen wurden erfüllt und diese haben Ihre Information und Kommunikation als hilfreich oder sogar wertvoll eingestuft.

5.3 Push- und Pull-Kommunikation

Unser Ziel sollte es sein, für unsere Zielgruppen eine für unsere Organisation und die Menge an Inhalten passende Mischung an Instrumenten zusammenzustellen und dabei Medien, aus denen die Kolleg*innen sich gewünschte Informationen selbst „ziehen" können (sogenannte „Pull-Kommunikation"), ebenso anzubieten wie Medien, die konkrete Informationen an bestimmte Zielgruppen direkt adressieren (sogenannte „Push-Kommunikation").

Aber auch eine kontinuierliche Steigerung der Qualität der Instrumente sollte im Fokus stehen, um für die Kolleg*innen passende und auf ihre Bedürfnisse zugeschnittene Medien zu erstellen. Haben wir Klarheit darüber, welche Stärken die einzelnen Medien haben und für welche Kommunikationsanlässe sie geeignet sind, gelingt es besser, Mitarbeitende zu erreichen, statt sie zu überfluten.

5.4 Die Wahl der passenden Instrumente

Die allermeisten Tools, die wir aus dem privaten Umfeld kennen, kommen längst auch in der Internen Kommunikation zum Einsatz: Social Collaboration Plattformen, Apps, Print- und Online-Magazine, diverse Veranstaltungsformate und Bewegtbild-Optionen.

Doch wie finden Sie den zu Ihrem Unternehmen und Ihrer Kultur passenden Instrumenten-Mix? Wie viele Medien braucht es, damit Sie sagen können, dass Ihre Interne Kommunikation gut aufgestellt ist? Und was meint professionell in diesem Zusammenhang?

Vielleicht erinnern Sie sich: In Kap. 3 beschäftigten wir uns mit dem Thema Strategie in der Internen Kommunikation. Eine fundierte Ist-Analyse und eine passgenaue Bestimmung Ihrer Ziele lässt Sie die Wahl Ihrer IK-Instrumente deutlich bewusster treffen und das Budget passender einsetzen. Wichtig ist, die Zielgruppen und ihre Bedürfnisse zu kennen und zu wissen, wohin sich Ihr Unternehmen kulturell entwickeln soll. Erst dann können Sie nach den passenden Instrumenten Ausschau halten und entscheiden, ob bereits etablierte Instrumente beibehalten oder verändert werden sollten.

In Zeiten agiler Projektarbeit und bei einer Vielzahl neuer Kolleg*innen aus Nachwuchsgenerationen in einem Beratungsunternehmen werden Sie (hoffentlich) andere Instrumente auswählen als zum Beispiel im Rahmen der Etablierung eines Qualitätsprojektes im Werk eines traditionsreichen Familienunternehmens der Möbelbranche.

Lassen Sie uns im ersten Schritt gemeinsam einen Blick auf die Gruppen werfen, in die wir die Medien der Internen Kommunikation ganz grundsätzlich unterteilen können:

- **Medien, die informieren:** Sie vermitteln Nachrichten und stellen sicher, dass relevante Informationen jeden Mitarbeiter und jede Führungskraft aktuell und gut verständlich erreichen.
- **Medien, die aktivieren:** Sie ermöglichen den Austausch und Dialog zwischen den Mitarbeitenden und auch mit den Führungskräften. Sie überwinden Hierarchie-Ebenen, schaffen „Gleichzeitigkeit" und damit eine Form des Miteinanders. Aktiviert werden sowohl der Dialog untereinander wie auch das Interesse, sich über die reine Sachinformation hinaus mit den Themen des Unternehmens zu beschäftigen.
- **Medien, die motivieren:** Sie vermitteln komplexe Inhalte und Hintergrundinformationen auf eine unterhaltsame Art. Veranstaltungen und Medien, die sich eines Themas auf emotionale Weise annehmen und dieses oft auch über einen längeren Zeitraum immer wieder in veränderter Art spielen (z. B. über Gamification-Formate), fallen in diese Kategorie.

Damit Ihre Mitarbeiter*innen und Führungskräfte Ihre Kommunikationstools und -inhalte künftig als noch relevanter empfinden, hilft es, sich regelmäßig die folgenden Fragen zu stellen:

- Kenne ich die inhaltlichen und kommunikativen Bedürfnisse meiner Zielgruppen? Weiß ich, was ihnen relevant erscheint und warum? Wenn ich diese Fragen nicht mit einem klaren „Ja" beantworten kann: Wie kann ich mehr über die Bedürfnisse herausfinden?
- Was wirkt in der Zeit, in der ich Botschaften kommunizieren möchte, sonst noch auf die Zielgruppe ein – jetzt oder

künftig? Welche konkurrierenden Kampagnen, Projekte und Kommunikationsanlässe gibt es?
- Wie relevant ist die zu vermittelnde Botschaft aus sich heraus? Als je irrelevanter sie von Ihren Zielgruppen angesehen wird, desto mehr muss der Inhalt redaktionell und grafisch attraktiv verpackt werden.
- Welche kommunikativen Möglichkeiten oder Tools möchte ich nutzen? Wie gut komme ich damit in den Fokus meiner Zielgruppen? Sind die Tools negativ vorbelastet?
- Wie gut sind meine eigenen Kommunikationsfähigkeiten bzw. die der Kolleg*innen, die die Botschaften vermitteln sollen?
- Wer sind unsere Multiplikator*innen?
- Können wir Best-Practice-Beispiele anderer (externer oder interner) Kampagnen nutzen, um uns inspirieren zu lassen?

5.5 Kriterien zur Differenzierung von IK-Instrumenten

Zu den oben genannten drei Gruppen der Kommunikationsinstrumente gibt es zahlreiche weitere Unterscheidungsmerkmale für die Tools der Internen Kommunikation, je nachdem, welcher Analyseschwerpunkt gesetzt werden soll. In der Praxis haben sich die folgenden Kriterien bewährt:

- Art des Mediums (Online, Print, Bewegtbild etc.)
- Kommunikationsrichtung (Top-down, Bottom-up, One Way, horizontal etc.)
- Reichweite (One-to-one, One-to-many, Many-to-many etc.)
- Zielgruppen (Führungskräfte, Mitarbeitende im Werk und im Außendienst etc.)
- Stärken des Instruments (Schnelligkeit, Kosten, Dialogfähigkeit etc.)
- Medien für verschiedene Kommunikationsgelegenheiten (Alltag, Veränderung, Krise etc.)

Schauen Sie sich Ihre Medien mit Blick auf die genannten Kriterien noch einmal genauer an: Haben Sie einen guten Mix für Ihre Zielgruppen und die Kommunikationsanlässe? Und setzen Sie die Medien optimal nach ihren Stärken ein? Passen Ihre Instrumente zur kulturellen Entwicklung Ihres Unternehmens? Und: Entscheiden Sie sich bei der Auswahl Ihrer Instrumente nach den Kommunikationsanlässen oder nehmen Sie bislang relativ wahllos Instrumente, die entweder im Unternehmen „sowieso vorhanden sind" bzw. deren Einsatz sich ja bereits etabliert hat?

An dieser Stelle möchte ich Sie einladen, dies künftig bitte nicht mehr zu tun: Ganz gleich, ob Alltagskommunikation, Veränderungssituationen oder auch eine Krise – individuelle Situationen erfordern individuelle Maßnahmen und Instrumente. Was aber bietet sich wann an? Was ist eher kostengünstig, was braucht mehr Budget? Und was kann schnell zum Einsatz kommen bzw. entfaltet auf lange Sicht eher Wirkung?

Stellen Sie sich diese Fragen, wenn Sie Ihre Tool-Landschaft unter die Lupe nehmen möchten:

- Welche Kanäle werden derzeit genutzt und warum?
- Welche Historie haben die Instrumente, aus welchem Grund sind sie entstanden und wer befüllt sie seitdem?
- Wenn Sie in die Zukunft schauen: Welche Funktion sollen die Instrumente dann ausfüllen? Was möchten Sie kulturell mit ihrer Hilfe verändern?
- Wollen Sie eher weniger oder mehr Tools haben?
- Welche waren die Hauptkritikpunkte in Befragungen?
- Wenn Sie Tools und Zielgruppen gemeinsam anschauen: Gibt es dann für jede Zielgruppe eigene Instrumente oder arbeiten Sie eher noch nach dem „Gießkannenprinzip"?
- Sollen und können einzelne Gruppen in Ihrem Unternehmen bei der Veränderung der Tool-Landschaft mitbestimmen (bspw. Betriebsrat, Personalabteilung, einzelne Mitarbeiter oder Führungskräfte)?
- Welche Art von Medien wollen Sie künftig erstellen: Medien, die Preise gewinnen, für ihre Nähe zu den Mitarbeitenden bekannt sind, eine besondere Mischung aus kritischen und positiven Themen

vereinen? Entscheiden Sie sich für einen Qualitätsanspruch und halten Sie ihn durch.

Die Landschaft der Kommunikationsinstrumente in den Unternehmen ist vielfältig und an so mancher Stelle überwältigend. Nahezu täglich kommen Lieferanten für neue (digitale) Tools hinzu, sodass es selbst für Kommunikationsprofis schwierig ist, den Überblick zu behalten und auf dem Laufenden zu bleiben.

Lassen Sie uns deshalb auf den folgenden Seiten einen Blick werfen auf Möglichkeiten und Kanäle der Internen Kommunikation, die mittlerweile aus kaum einem Unternehmen mehr wegzudenken sind. Schauen wir auf die langfristigen Trends und sprechen wir vor allem über das, was kommt und bleibt.

5.5.1 Blogs

Blicken wir idealisiert auf interne Kommunikationsinstrumente, so sorgen sie für eine transparente Vermittlung der Unternehmensstrategie, bieten den Mitarbeitern Orientierung und transportieren Wissen und Informationen.

In sogenannten Corporate Blogs stellen Unternehmenslenker, Führungskräfte oder auch Mitarbeitende ihre Gedanken und Sichtweisen zu Themen, Projekten und strategischen Entwicklungen dar. Der Inhalt der Beiträge lässt sich dabei kommentieren oder ergänzen, Hintergrundinformationen können verlinkt, Themenfelder durch Tags kategorisiert werden. Alles, was hier zu lesen ist, wird für alle zur Diskussion gestellt; Bilder, Filme, Audiobeiträge ergänzen die geschriebenen Zeilen. Jede*r kann sich einbringen und wird „gelesen", unabhängig von seiner Position in der Unternehmenshierarchie.

In vielen Unternehmen stellt ein solcher Blog auch die Unternehmenskultur recht intensiv auf die Probe: Der offene Dialog wird zur Herausforderung für alle Beteiligten und kann nur dann gelingen, wenn die kulturellen Voraussetzungen stimmen. Gelebte oder starre Hierarchien sind hier ebenso ein großes Hindernis wie fehlendes Vertrauen.

Wichtig als Erfolgskriterium für den Corporate Blog ist und bleibt die Dialogfunktion. Ihn nur als Verlautbarungsmedium zu nutzen, ohne auf konstruktive Vorschläge und Feedback der Mitarbeitenden einzugehen, schadet mehr, als die Ursprungsidee nutzt.

Ganz gleich, wie viel Erfahrung Sie beim Erstellen von Medien zur Internen Kommunikation schon haben sammeln können: Unternehmensblogs brauchen Übung. Nicht nur, weil in vielen Unternehmen neue Kommunikationsformen einen kulturellen Wandel bedeuten, auch die kontinuierliche Pflege will gelernt sein.

Stellen Sie sich deshalb vor der Einführung eines Corporate Blogs am besten die folgenden Fragen:

- Wie passt ein Blog in Ihren Instrumentenkanon?
- Ist er künftig ein gleichberechtigter oder sogar übergeordneter Informationskanal?
- Welches Ziel möchten Sie mit dem Blog erreichen und bis wann?
- Wer ist das richtige Gesicht, um dieses Ziel zu erreichen?
- Wie viel Budget haben Sie? Reicht es aus, um das Medium nachhaltig einsetzen zu können?
- Welcher Inhalt ist relevant und wer generiert ihn?
- Schreiben die Blogger*innen selbst oder erhalten sie Unterstützung?
- Gibt es einen Redaktionsplan und spiegelt er die Interessen der Mitarbeitenden?
- Welche Inhalte möchten Sie wann vermitteln?
- Wie erreichen Sie, dass viele wechselnde Mitarbeiter sich an Diskussionen beteiligen und nicht immer nur die üblichen Verdächtigen?

Und, bitte: Rufen Sie Blogs nicht erst dann ins Leben, wenn Sie sie zur Vermittlung eines bestimmten Kommunikationsziels benötigen (Veränderungsprozesse o. Ä.). Niemand Ihrer Kolleg*innen wird sich auf neue Tools einlassen in Situationen, die von Verunsicherung und Sorge vor der Zukunft geprägt sind. Offenheit und Transparenz müssen bereits gelebt sein, bevor ein solches Tool auch durch schwierige Zeiten leiten kann. Dann allerdings ist der Unternehmensblog ein sehr persönliches und authentisches Instrument und schafft das, was vielen Tools abhandengekommen ist – er baut Vertrauen auf und erreicht die Menschen in Kopf, Herz und Bauch.

Beispiel

Sie wollen Ihre*n CEO als dialogorientierte Führungskraft der Firmengeschicke positionieren. Auf der einen Seite immer für die Belange des Unternehmens weltweit im Einsatz, auf der anderen Seite der ansprechbare Kollege, der genau weiß, wo den Mitarbeitenden der Schuh drückt.

Ein Blog ist das perfekte Format für diesen Zweck. Er kann in geschriebener Form, als Video oder im Podcast-Format gespielt werden. Die Entscheidung steht und fällt mit der persönlichen Affinität des CEOs selbst. Das Tool muss passen, darf nicht inszeniert oder gespielt wirken. Nur so wird es Ihnen gelingen, eine Verbindung mit Ihren Zielgruppen aufzubauen und Interesse für das Tool zu wecken. Natürlich kann etwas Übung oder ein unterstützendes Training helfen. Ein grundsätzliches Wohlgefühl sollte jedoch von Beginn an vorhanden sein, wenn der CEO sich zum Beispiel im Video mitteilen will. Kein Auftritt muss perfekt sein, aber immer gut und der Position der bloggenden Person zuträglich und angemessen.

Lassen Sie Ihren Blog keinesfalls in Konkurrenz zu anderen Formaten stehen: Ist der CEO etwa meinungsstark aktiv auf LinkedIn oder Xing, dürfen die internen Botschaften nicht in Konkurrenz dazu stehen. Den daraus entstehenden Vertrauensverlust holen Sie sonst nur schwer wieder auf.

Stellen Sie einen groben Redaktionsplan bereits zu Beginn für mindestens drei Monate im Voraus auf. Bestimmen Sie relevante Themen und passen Sie die Abstände zwischen den Blogs entsprechend an. Sobald sie thematisch in die Beliebigkeit abdriften, verlieren Sie die Mitarbeitenden. Nehmen Sie Ihren CEO hier an die Hand, aber auch in die Pflicht: Die Themen sollte er setzen. Sie sorgen dafür, das Ziel und den redaktionellen Schliff im Blick zu behalten.

Gemeinsam können Sie dann dafür sorgen, den Blog zu einem Erfolgsmedium Ihrer Internen Kommunikation werden zu lassen.

5.5.2 Corporate TV & Podcasts

Haben Sie schon mal darüber nachgedacht, einen Video- oder Podcastkanal für Ihre Interne Kommunikation ins Leben zu rufen? Von grundlegenden Informationen zu neuen Projekten, Produkten, Bereichen und Arbeitsprozessen bis hin zu Hintergrundinformationen und Interviews mit beteiligten Kolleg*innen und Führungskräften sind dem/der kreativen Kommunikator*in keine visuellen und auditiven Grenzen gesetzt. Und: Mag man den Trendforscher*innen Glauben schenken, ist der Siegeszug der bewegten Bilder noch lange nicht vorbei, und hat die Podcast-Ära gerade erst begonnen (www.ard-zdf-onlinestudie.de 2022).

Zu Recht, bieten doch Filme und Podcasts eine ideale emotionale Ergänzung zum restlichen Instrumentekanon eines Unternehmens. „Informationen auf Augen und Ohren“ sorgen nachgewiesenermaßen für eine deutlich größere Verbundenheit und emotionale Nähe der Zielgruppen mit dem Unternehmen und seinen Werten.

Podcasts bieten dabei den Vorteil, dass die Zuhörer*innen nicht an den Bildschirm gebunden sind, sondern die Folgen auch während ihrer Fahrten zum und vom Büro, auf Geschäftsreisen und parallel zu anderen Tätigkeiten hören zu können. Sie sind deshalb beispielsweise ausgezeichnet geeignet für die Zielgruppe der „Reisenden“ (Außendienst, Vertrieb, Filialgeschäft).

Neben Beiträgen mit reinen Sachinformationen wie Produkt- und Arbeitsanleitungen, Trainings oder Blogbeiträgen von Kolleg*innen aus dem Unternehmen können Interviews mit internen und externen Expert*innen oder Influencern neue Sichtweisen und Gedanken in den Mitarbeiter*innenkreis geben.

Sie möchten einen Video- oder Podcastkanal ins Leben rufen? Stellen Sie sich folgende Fragen vorab und fragen Sie auch interne oder externe Fachkräfte nach Unterstützung.

- Welche Rolle soll das neue Tool übernehmen, welche Zielsetzung verfolgen Sie damit?
- Wie professionell wünschen Sie sich die Umsetzung?

- Welches Budget haben Sie zur Verfügung? Passen finanzielle Ressourcen und Ihr Qualitätswunsch zueinander?
- Haben Sie in Ihrem Netzwerk Best-Practice-Beispiele, von denen Sie lernen können, und gibt es vielleicht sogar intern Kolleg*innen, die Lust haben, sich bei dem Thema einzubringen?
- Entwickeln Sie ein richtiges Format, geben Sie ihm einen Namen und einen inhaltlichen roten Faden, machen Sie es zu einer „Marke".
- Erstellen Sie noch vor Erscheinen der ersten Ausgaben einen Redaktionsplan, damit die ersten Folgen inhaltlich gesichert sind. Das Neue des Formates selbst braucht Übung genug, dann ist es gut zu wissen, was die Inhalte sein sollen.
- Übernehmen Sie selbst die Moderation vor der Kamera bzw. dem Mikrofon oder ist es gut, dafür jemanden zu suchen?
- Wer kann auf oberster Führungsebene Ihr Promotor sein für das neue Format?
- Stecken Sie sich Etappenziele und messen Sie den Erfolg Ihres neuen Formates. Zeigen Sie aber auch Durchhaltevermögen, wenn die Visits/Klickzahlen nicht gleich so sind, wie Sie es sich gewünscht haben: Sechs bis zwölf Monate sollten Sie einem neuen Tool geben, um sich zu beweisen.

5.5.3 Flurfunk

Einer, der immer und überall funktioniert: Der gute alte Flurfunk trotzt der Digitalisierung und behauptet unangefochten seine Position im Mix der internen Kommunikationsmedien.

Grundsätzlich hat der Flurfunk nach wie vor eine große Bedeutung für jedes Unternehmen. Menschen sind von Natur aus auf der Suche nach Gemeinschaft und Verbundenheit, die sie unter anderem in Gesprächen in der Teeküche und auf dem Flur finden. Hier tauschen sie Gedanken und Befürchtungen aus – das stärkt den Zusammenhalt und fördert das Miteinander. Und damit jeder Flurfunker auch selbst noch etwas Glanz abbekommt, fügt er der eigentlichen Botschaft gern noch als Neuigkeit bemäntelte Flunkereien, Spekulationen oder persönliche Bewertungen hinzu. So entstehen Fake News, die weder den Tatsachen entsprechen noch dem eigentlichen Zweck der Information und Motivation dienlich sind.

Aus Sicht der Unternehmenskommunikation hilft an dieser Stelle nur beherztes Gegensteuern: Identifizieren Sie, wer sich in den Bereichen jeweils als Kommunikator*in hervortut, geben Sie diesen Menschen belastbare Informationen und ermöglichen Sie ihnen auch, Fragen zu stellen.

Wertschätzung ist der beste Weg, um ihn für die Kommunikationszwecke des Unternehmens zu nutzen. Speisen Sie belastbare Informationen in das offizielle System der Internen Kommunikation ein, um Gerüchten und Gerede auf der „Haste schon gehört?"-Ebene den Nährboden zu entziehen. Wenn Sie Ihre Führungskräfte und Mitarbeitenden ohne Zeitverzug über relevante Entwicklungen und Themen informieren, speisen Sie den Kommunikationsfluss mit offiziellen Botschaften und geben Informationen eine Basis statt Flurfunk-Zündstoff.

Ein paar Tipps für die Umsetzung:

- Informieren Sie über alle arbeitsrelevanten und strategischen Themen so früh wie möglich. Nutzen Sie ein ausreichend attraktives Format. Fragen Sie regelmäßig Ihre Mitarbeitenden, ob Formate und Inhalte angemessen und passend sind.
- Menschen lieben Geschichten – Storytelling funktioniert auch und gerade in Kombination mit dem Flurfunk. Die Protagonist*innen sind Ihre Kolleg*innen, der Alltag schreibt die besten Geschichten.
- Stand-ups und Town Halls eignen sich perfekt, um Gerüchten, Halbwahrheiten und Spekulationen die Stirn zu bieten. Hier ist auch sichtbar, ob die Kritiker den Mumm haben, der Führung offen Fragen zu stellen.
- Schaffen Sie eine Plattform für spontane Kommunikation der Mitarbeitenden, z. B. über ein Social Intranet. Hier kann die Kommunikationsabteilung thematische Impulse setzen und auch auf direktem und unkompliziertem Weg Fakten platzieren.
- Moderne Tools wie TED-Talks oder Brown-Bag-Sessions (s. Kap. 2) können den klassischen Flurfunk wunderbar stützen, weil so frischer, aber eben belastbarer Stoff in die Kanäle kommt.
- Ermuntern Sie die Führungskräfte, sich „unter das Volk zu mischen". So haben sie das Ohr an der Belegschaft und bieten ganz nebenbei – z. B. in der Kantine – Gelegenheit, Fragen zu stellen.

- Nutzen Sie den Flurfunk als Seismografen. Sobald Sie Schwingungen in eine bestimmte Richtung empfangen, können Sie mit einer fundierten Aussage ein mögliches Beben abschwächen oder gar verhindern.

So kann es Ihnen gelingen, einen konstruktiven Flurfunk zu etablieren, der zu einer kommunikativen und offenen Unternehmenskultur beiträgt. Mit einem soliden Informationsfundament können Sie Dialog und Austausch sowohl initiieren als auch steuern. Reden hilft – immer.

5.5.4 Mitarbeitenden-Zeitschrift

Bis heute hat die Mitarbeitenden-Zeitschrift als das klassischste aller Internen Kommunikationsinstrumente immer noch und an so mancher Stelle wieder eine äußerst verbindende Kraft. Wo können wir besser Geschichten erzählen, kulturelle Veränderungen bereichsübergreifender kommunizieren und die neuen Produkte bzw. die an ihrer Entstehung Beteiligten angemessener darstellen? Im Zeitalter von Schnelligkeit und Digitalisierung vermittelt die Mitarbeitenden-Zeitschrift zudem eine angenehme Ruhe, lädt uns ritualisiert ein, sie mit nach Hause zu nehmen und als Artefakt des Arbeitsgebers in Familie und Bekanntenkreis die Runde machen zu lassen.

Mein Tipp an Sie Schaffen Sie Ihre Mitarbeitenden-Zeitschrift nicht einfach ab, sondern fragen Sie vorab Ihre Zielgruppen, ob es noch das passende Tool sein kann und soll und was es zu optimieren gäbe. Vielleicht reichen ein neues Konzept, eine klarere Rollenverteilung Ihrer IK-Medien, ein frisches Design oder ein neuer Themenmix aus, um das Medium wiederzubeleben.

Sie wollen Ihrer Mitarbeitenden-Zeitschrift zu neuem Glanz verhelfen? Versuchen Sie es mit diesen drei Schritten:

Orientieren Sie sich an Kiosk-Publikationen

Warum lesen wir uns so gern in Special-Interest-Magazinen fest, können stundenlang in Reise-, Motorrad- oder Kochzeitschriften blättern? Weil sie uns abtauchen lassen in Themenfelder, die unserer Interessenslage entsprechen und die professionell aufbereitet sind. Magazine ermöglichen uns die Beschäftigung mit dem gewünschten Thema in einer anderen Tiefe, als es Onlinemedien oder Tageszeitungen je könnten. Nutzen Sie diese Stärke auch für Ihr Mitarbeitenden-Magazin: Bieten Sie Artikel mit gut recherchierten Inhalten und öffnen Sie sich Themen aus dem Außen, laden Sie ein zum Nachdenken und zum Gedankenaustausch mit den Kolleg*innen.

Im Idealfall werden diese Geschichten nach dem 360-Grad-Storytelling-Prinzip fortgeführt – beispielsweise über Apps, Videos oder Social-Intranet-Verknüpfungen.

Geben Sie Ihrer Mitarbeitenden-Zeitschrift eine (neue) Rolle

Ihr Intranet ist das Leitmedium der Internen Kommunikation und versorgt die Mitarbeitenden täglich mit den aktuellen Meldungen? Geben Sie Ihrer Mitarbeitenden-Zeitschrift eine klar definierte Rolle, indem beispielsweise die Redaktion hinter die Kulissen schaut und Geschichten erzählt, die weitergehen als die (hoffentlich) kurzen und knappen Meldungen in Ihrem Intranet. Transformationsthemen, Leitbild-Vertiefungen, Werte-Geschichten aus den Unternehmensbereichen und eine Verbildlichung der veränderten Unternehmenskultur – all das kann im Magazin mit Leben gefüllt und so für den Alltag anfassbar werden. Solche crossmedialen Interaktionen verleihen der Mitarbeitenden-Zeitschrift einen regelrechten Imageboost, der das Tool auch über den Kreis der bisher regelmäßigen Leser*innen hinaus attraktiv macht.

Content is king!

Vermittelt eine Mitarbeitenden-Zeitschrift ausschließlich die frohen Botschaften der Führungsriege, muss sie sich schnell den Vorwurf der Hofberichterstattung gefallen lassen. Im klassischen Sinne investigativ ist sie natürlich aber ebenso wenig – kritisch, ehrlich und transparent im Idealfall dafür umso mehr.

Authentisch ist das Stichwort der Stunde: Interne Themen – auch und gerade Missstände – sollten offen und ehrlich thematisiert werden.

Entscheiden Sie sich deshalb häufiger mal für transparente Hintergrundgeschichten von den Standorten oder aus den Bereichen statt für die „Schönwetter-Interviews“ mit Vorständen und Führungskräften. Und erzählen Sie neben Erfolgsstorys auch die Geschichten, bei denen vielleicht nicht alles glatt lief, bei denen die Kolleg*innen aber viel für künftige Projekte gelernt haben.

Bevor Sie Ihrer Mitarbeitenden-Zeitschrift einen Energieschub verleihen, stellen Sie sich vorab Fragen wie:

- Welche Rolle soll die Zeitschrift künftig im Instrumente-Mix übernehmen und wie oft kann sie mit Blick auf Budget und Kapazitäten realistischerweise erscheinen?
- Kennen Sie die Rolle, die Ihre Mitarbeitenden-Zeitschrift heute hat. und wissen Sie, worauf Ihre Leser keinesfalls verzichten möchten?
- Wird es ein Budget zur Überarbeitung von Struktur/Inhalt/Design geben?
- Wie offen und ehrlich wollen und können Sie künftig in den Beiträgen sein?
- Sollen die Hefte monothematisch sein und, falls ja, woran richten Sie sich inhaltlich aus?
- Wie können Sie Ihr redaktionelles Netzwerk optimieren?
- Wie soll die Abgrenzung zu anderen Tools Ihrer Internen Kommunikation aussehen?

5.5.5 Newsletter

Früher eines der beliebtesten Push-Tools der Internen Kommunikation, fristeten Newsletter in den zurückliegenden Jahren ein oft eher tristes Dasein im Schatten von Intranet- und App-Lösungen. Nicht zuletzt aufgrund ihrer Stärke, kostengünstig und unkompliziert Mitarbeitende mit Informationen zu versorgen und auf relevante Themen aus den IK-Instrumenten eines Unternehmens komprimiert hinzuweisen, erleben Newsletter derzeit jedoch eine kleine Renaissance: Wirgefühl und Stärkung der Unternehmenskultur inklusive.

Ziel interner Newsletter ist es, Mitarbeiter und Führungskräfte mit ihren Themen, Projekten und Einstellungen zu Wort kommen zu lassen. Wichtig ist es deshalb, ihnen die Angst zu nehmen, sich offen und transparent zu äußern, sie zur Mitarbeit zu motivieren. Wie oft und mit welchen Inhalten ein Newsletter erscheinen sollte, ist und bleibt abhängig von seiner Rolle im Kanon der IK-Instrumente eines Unternehmens.

Eine Handvoll Erfolgskriterien helfen zudem, die Relevanz von Newslettern für die Kolleg*innen eines Bereiches oder auch des gesamten Unternehmens zu erhöhen:

1. Fragen Sie Ihre Mitarbeiter regelmäßig nach ihren Informationsbedürfnissen für den Newsletter (auch und gerade in Abgrenzung zu anderen IK-Medien).
2. Erscheinen Sie regelmäßig und vor allem häufig genug, um relevant zu bleiben.
3. Überdenken Sie standortspezifische Ausgaben, übersetzen Sie in Landessprachen.
4. Verarbeiten Sie aktuelle und relevante Themen (s. Punkt 1.).
5. Bieten Sie ein Archiv für zurückliegende Ausgaben.
6. Arbeiten Sie crossmedial – vernetzen Sie in andere Medien hinein. Und bedenken Sie bitte auch bei der Newsletter-Erstellung: Das Auge isst mit. Interesse generierende Bilder, Verlinkungen auf Filme oder auch (externe) Beiträge in anderen Medien helfen, die Leser interessiert zu halten.

5.5.6 Social Intranets und (Mitarbeiter-)Apps

Die Zahl der Herstellerunternehmen an App- und Social-Intranet-Lösungen für die Interne Kommunikation ist mittlerweile enorm groß und der Markt kaum noch durchschaubar. Auch wenn diese digitalen Unterstützer-Tools nicht mehr neu sind, so sind sie doch brandaktuell. Viele Unternehmen treffen erst nach und nach die Entscheidung, sie zu nutzen, und fragen sich bis zum finalen Entschluss immer wieder, ob dieser Schritt sinnvoll ist und mit welcher Zielrichtung. Derweil Social

Intranets und Apps noch nicht in allen Unternehmen angekommen sind, haben Newsrooms und Content Houses oder auch KI-gestützte, lernende Systeme bereits die nächsten Trendschritte eingeläutet.

Ein neues System etablieren

Nehmen wir an, in Ihrem Unternehmen werden eine Mitarbeitenden-Zeitschrift und ein bislang noch eindimensional informierendes Intranet genutzt (Neujahr 2018). Damit fühlen sich Kommunikations- und Personalbereich zwar ganz gut aufgestellt, aber dennoch leicht ergraut. Neu ins Unternehmen kommende Kolleg*innen fragen, warum sie die Unternehmensnews denn nicht genauso bequem und schnell abrufen können wie private Meldungen und Mails, nämlich über mobile Endgeräte wie ihrem Smartphone. Und weil es Tools, die auf den Austausch der Kolleg*innen untereinander ausgelegt sind, im Unternehmen bisher noch gar nicht gibt, regeln die Kolleg*innen diesen dann oft schnell und unkompliziert über herkömmliche Chat-Formate – und damit an der Datensicherheit und den internen Tools vorbei.

Damit sehen Sie: Der Bedarf für ein internes soziales Netzwerk scheint auch bei Ihnen gegeben. Dennoch sollte eine repräsentative Menge an Kolleg*innen vorab nach ihren Bedürfnissen und Wünschen für ein solches neues Tool gefragt werden: Was bräuchte eine App oder ein neues Social Intranet – neben der intuitiven Bedienbarkeit? Was wäre ein echter Anreiz, es auch zu nutzen? Was sollte aus bisherigen Tools übernommen und keinesfalls abgeschafft werden? Wer sollte eingebunden werden in die Suche nach dem passenden Tool und der Bestimmung von Inhalten und begleitender Kommunikation?

Nach einer solchen Bestandsaufnahme und Definition des gewünschten Zielzustandes geht es in die Umsetzungsphase, in der die Vorbereitungs- in eine Pilotphase übergeht.

Spätestens jetzt sollten das Projektteam erweitert und Kolleg*innen aus dem Betriebsrat, dem Datenschutz, dem Personalbereich sowie dem Marketing an den Tisch geholt werden. Zudem müssen wichtige Kriterien festgelegt werden: für den finanziellen Rahmen, zur Einpassung in die technische Infrastruktur und für den Schutz der Mitarbeiterrechte.

Im nächsten Schritt gilt es dann, den richtigen Anbieter für die technische Lösung zu finden. Achten Sie unbedingt darauf, dass Sie unabhängig begleitet und beraten werden, denn nicht selten sind Technikanbieter mit einem System in Kooperation verbunden.

Wenn Sie sich dem Thema Plattformanbieter nähern, so haben Sie Ihre zuvor erarbeiteten Wunschkriterien immer im Blick:

- Welcher Anbieter erfüllt tatsächlich die Wünsche/Ansprüche meiner Nutzer*innengruppen?
- Kann eine App auf bestehende Betriebssysteme aufgesetzt werden?
- Passt der Preis zum Budget? Auch auf lange Sicht?
- Wie intuitiv ist die Bedienung?
- Ist das Tool schnell und einfach mit Content befüllbar?
- Bietet die Technik ausreichend Entwicklungsmöglichkeiten?

Lohnend kann an dieser Stelle auch ein zeitlich begrenzter Testlauf mit einer Pilotgruppe sein, um die offensichtlichsten Kritikpunkte an einer möglichen neuen Lösung noch vor dem Start auszuräumen.

Für die anschließende Integration und Einführung des Tools ziehen Sie am besten eine technische und auch kommunikative Begleitung hinzu. Eine Mitarbeitenden-App oder ein Social Intranet brauchen eine Einführungskampagne, die begeistert und Lust macht, das Produkt auszuprobieren und nachhaltig zu nutzen.

Für die Erstellung der Inhalte stellen Sie am besten ein Team aus Kolleg*innen zusammen, dass Sie redaktionell aus den unterschiedlichen Bereichen heraus unterstützen kann. Natürlich gibt es Themen, bei denen auch künftig ein professionelles Team aus Kommunikator*innen die Redaktionshoheit haben sollte. Das betrifft zum Beispiel die Unternehmensstrategie, Geschäftszahlen oder Services, die besonders hohen Vertrauensstandards entsprechen müssen. Informationen aus den Unternehmensbereichen, Projekten und Teams hingegen können jedoch auch dort generiert und verbreitet werden. Die Schulung bzw. das Coaching von Redakteur*innen aller Funktionen kann deshalb Sinn machen.

Sie haben bereits ein Social Intranet im Unternehmen etabliert und fragen sich, ob die zusätzliche Integration einer App-Lösung sinnvoll sein könnte? Stellen Sie sich und den betreffenden Beteiligten im Unternehmen dazu bitte die folgenden Fragen:

- Warum denken wir gerade über ein weiteres technisches Tool nach? Welche Ziele verfolgen wir damit, die unsere bisherigen Tools nicht erreichen können?
- Auf welcher technischen Basis basiert das bisherige System? Gibt es die Möglichkeit, es zu erweitern?
- Oder möchten Sie die App-Lösung für ein bestimmtes Thema (einen Veränderungsprozess bspw. oder einen Bereich Ihres Unternehmens) einsetzen?
- Welche App-Anbieter passen technisch zu unserem bisherigen System?
- Welches Budget haben Sie für den kontinuierlichen Betrieb und die Einführungsphase?

Bitte überstürzen Sie nichts und treffen Sie erst dann eine Entscheidung für ein Tool, wenn Sie das Gefühl haben, alle wichtigen Informationen zu kennen.

5.5.7 Interne Veranstaltungsformate

Umfasste der Begriff „Veranstaltungsformate in der Internen Kommunikation" noch vor zehn Jahren vor allem Betriebsversammlungen und Abteilungsmeetings, so reicht die Bandbreite heute von Barcamps über Working-Out-Loud-Gruppierungen bis hin zu Fishbowls und Ted-Talk-Sessions.

Allen modernen Formaten gemein ist vor allem die dialogische Form. Beschallung von vorn mit textlastigen PowerPoint-Folien war gestern. Heute steht eine kurze, prägnante Informationsvermittlung mit viel Raum für Kommunikation, Austausch und Diskussion im Vordergrund.

Gern möchte ich Sie an dieser Stelle ermuntern, mutig zu sein: Probieren Sie neue Formate aus und erlauben Sie sich, damit auch mal zu scheitern. Halten Sie aus, wenn das (positive) Feedback der Kolleg*innen auf sich warten lässt oder Sie andere Zahlen erwartet hatten. Geben Sie nicht direkt wieder auf, sondern erarbeiten Sie mit Ihren Zielgruppen zusammen den passenden Veranstaltungsmix. Und fragen Sie sich immer wieder, welche Kultur Sie entwickeln und erarbeiten möchten, und passen Sie die Veranstaltungsformate darauf an.

Sie sehen: Allein mit einem Blick auf die relevantesten Kommunikationsinstrumente füllen sich einige Seiten. In den kommenden Monaten und Jahren wird die Auswahl weiter zunehmen. Ich möchte deshalb gern zum Ende des Instrumentenkapitels die Möglichkeit nutzen, Sie noch einmal auf den Beginn aufmerksam zu machen: Schauen Sie bitte darauf, welcher Kommunikationsstrategie die Auswahl Ihrer Instrumente folgt. Und haben Sie Ihre Kultur im Blick: Woher kommen Sie und wohin wollen Sie – erst dann sollte eine Auswahl an Instrumenten getroffen werden. Und wählen Sie diese dann bitte so, dass Sie der Empfehlung „So viel wie nötig, so wenig wie möglich" folgen. Nicht die Menge an Tools bestimmt die Zufriedenheit der Kolleg*innen, sondern die Nachvollziehbarkeit ihrer Rollen im Kommunikationsmix sowie die Bespielung der einzelnen Instrumente mit relevanten Inhalten.

5.6 Künstliche Intelligenz

Was ein bisschen klingt wie Zukunftsmusik aus einem Science-Fiction-Film, ist an vielen Stellen tatsächlich schon fester Bestandteil der Kommunikationsabteilungen – und somit auch der Internen Kommunikation.

Zur Erinnerung: Unter künstlicher Intelligenz versteht man Algorithmen, Programme oder Systeme, die menschliche Intelligenz simulieren, indem sie lernen und sich kontinuierlich verbessern. Sie verändern schon heute die Arbeit der Kommunikator*innen rasant und es wird erwartet, dass dies noch lange so bleibt.

Mussten englischsprachige Pressemitteilungen zu Beginn des Jahrtausends für die Mitarbeitenden-Zeitung noch per Hand übersetzt und dann auf die deutsche Sprache angepasst und mit hiesigen Marktdaten unterfüttert werden, ist dies aktuell bereits problemlos per KI möglich. Und auch Bausteine für Reden, Town Halls und interne Veröffentlichungen können bereits innerhalb von Minuten mit Programmen wie ChatGPT zusammengestellt werden.

5.6.1 Beispiele aus dieser Welt

Nehmen wir beispielsweise DeepL write. Das Tool ermöglicht dem User, sich auf Deutsch und Englisch besser auszudrücken. Es korrigiert Grammatik- und Rechtschreibfehler und schlägt – und das ist der wahre Zusatznutzen – alternative Formulierungen für Ton, Stil und Wortwahl vor.

Auch in der Bilderstellung kommt KI bereits zum Einsatz. Sie kennen es selbst: Zu jedem Blogbeitrag, jedem internen Thema, jeder Intranet-Rubrik wird Bebilderung gesucht. Wie unglaublich hilfreich ist es, nur einige Stichworte in ein Tool eingeben zu können und im Anschluss eine Reihe passender Bilder zur Auswahl zu erhalten, wie beispielsweise bei DALLE-E. Das Ergebnis mag aktuell noch nicht zur Corporate Identity eines Unternehmens passen, aber auch das ist sicher nur eine Frage der Zeit.

Wer glaubt, im Journalismus haben künstlich generierte Texte keinen Platz, der irrt. Bei der Stuttgarter Crimemap sorgt KI schon seit vielen Jahren dafür, das brandaktuelle Polizeiberichte der Öffentlichkeit frisch kategorisiert zur Verfügung gestellt werden. Hier geht es nicht um besonders schöne Formulierungen oder eine verständliche Einordnung, sondern nur um die schnelle Informationsübermittlung. Hier ist Kollege KI, 24/7 im Einsatz, nie im Urlaub oder im Sabbatical, ziemlich unschlagbar.

Jüngst hinzugekommen ist der ChatGPT von OpenAI. Der Chatbot wurde mit umfassendem Textmaterial trainiert und hat daher ein breit gefächertes „Wissen", über das er auch schreiben kann. Allerdings ist sein Wissen (noch) nicht aktuell, sondern aus dem Jahr seiner Erstellung. Expert*innen erwarten jedoch, dass sich dies in naher Zukunft ändert. Der heutige Haken: Das Tool nutzt vorhandene Inhalte, die es nicht als Quelle ausweist. Richtigkeit und Copyright sind also nicht gesichert. Lernt die KI hier weiter und greift auf aktuelle Datenbanken zu, wird sich die Arbeit der Redakteur*innen deutlich verändern.

Wir wollten es trotzdem schon einmal ausprobieren und haben den Chatbot gefragt: „Welche Vorteile hat ChatGPT für die Interne Kommunikation?" Die Antwort der beim Verfassen des Buches kostenpflichtigen Version 4.0 lautet:

ChatGPT kann die interne Kommunikation in Organisationen auf vielfältige Weise verbessern und optimieren. Hier sind einige Vorteile:

1. Effiziente Kommunikation: ChatGPT kann die Kommunikation zwischen Mitarbeitenden vereinfachen, indem es schnelle und präzise Antworten auf Fragen liefert. Das kann zu weniger Missverständnissen und besserer Zusammenarbeit führen.
2. Automatisierung von Routineaufgaben: ChatGPT kann bei der Automatisierung von Routineaufgaben wie der Beantwortung häufig gestellter Fragen, der Terminplanung oder der Verwaltung von E-Mails helfen, sodass Mitarbeitende sich auf wichtigere Aufgaben konzentrieren können.
3. Übersetzung: ChatGPT kann mehrsprachige Kommunikation unterstützen, indem es Texte in Echtzeit übersetzt. Das kann Barrieren abbauen und die Zusammenarbeit zwischen Mitarbeitenden aus unterschiedlichen Ländern fördern.
4. Wissensmanagement: ChatGPT kann als zentrale Wissensdatenbank dienen, die es Mitarbeitenden ermöglicht, schnell und einfach auf relevante Informationen zuzugreifen.
5. Ideenfindung und Problemlösung: ChatGPT kann bei Brainstorming-Sitzungen und der Entwicklung von Lösungsansätzen hilfreich sein, indem es kreative Vorschläge und Ideen anbietet.
6. Training und Onboarding: ChatGPT kann als interaktives Lehrmittel eingesetzt werden, um neue Mitarbeitende einzuarbeiten und Schulungen zu vereinfachen.
7. Emotionale Intelligenz: ChatGPT kann den Ton und die Stimmung von Nachrichten analysieren und so eine bessere Kommunikation und Empathie zwischen den Teammitgliedern fördern.
8. Zugänglichkeit: ChatGPT kann Text-zu-Sprache- und Sprache-zu-Text-Funktionen anbieten, um die Kommunikation für Mitarbeitende mit unterschiedlichen Bedürfnissen und Fähigkeiten zugänglicher zu gestalten.

Trotz dieser Vorteile ist es wichtig, auch die möglichen ethischen und sicherheitsrelevanten Fragestellungen im Zusammenhang mit der Verwendung von KI-basierten Kommunikationstools wie ChatGPT zu berücksichtigen.

Ein wunderbares Beispiel für den Einsatz von KI in der IK ist die Anwendung „Siemens Coffee Mug“. Bei dieser Lösung bekommen die Mitarbeitenden ihre personalisierten Inhalte aus dem Unternehmensnetzwerk und können entscheiden, in welchem Umfang sie diese erhalten möchten: kurz und knackig (Ristretto, 5 min Lesezeit), in mittlerer Länge (Lungo, 10 min Lesezeit) oder ganz ausführlich (als Americano, dauert circa 15 min). Quellen sind u. a. die Mitarbeitenden-Zeitung, das Enterprise Social Network, Videos, Podcasts und soziale Medien.

Nicht jedes Unternehmen kann eine KI-unterstützte Lösung einführen. Aber auch in Ihrem Tagesgeschäft können die unterschiedlichen Detailgrade der Informationstiefe berücksichtigt werden, etwa durch einen überlegten Umgang mit „hier mehr lesen“-Funktionen, Zusammenfassungen nach Region, Geschäftsbereich, Rolle oder anderen Faktoren.

5.6.2 Beispiele aus der anderen Welt

Die Kommunikation liebäugelt immer wieder mit virtuellen Welten. Sie baut Firmen, Märkte und Marken in Second Life, sie nutzt Virtual- und Augment-Reality-Lösungen, um technische und räumliche Grenzen zu überwinden, um zwischenmenschlich zu interagieren und Unbekanntes sicht- und erfahrbar zu machen.

Eine dieser Welten ist das Metaverse. In diesem virtuellen, parallelrealen Raum können User einen Avatar von sich erstellen und in einer selbst zu gestaltenden Umgebung mit anderen interagieren. Das erste Metaverse entstand in den 1980er-Jahren unter dem Namen Second Life.

Das eine, finale Metaverse existiert aktuell nicht. Noch ist es unterteilt in viele virtuelle Welten. Ziel ist es, ein interoperables und vernetztes Metaverse zu bauen, in dem sich die Avatare der User frei bewegen, leben und arbeiten können.

Fürsprecher*innen bezeichnen es als die neue Generation des Internets, Kritiker*innen führen zu viel Marketing und zu wenig Realitätsbezug als negative Punkte an. Expert*innen rechnen aufgrund der immens hohen Rechnerleistungen nicht mit einem vollständig entwickelten Metaverse vor 2030.

Dennoch: Unternehmen schauen schon heute aufmerksam auf die neuen Möglichkeiten. Aktuell sind viele Kommunikator*innen noch abwartend bis skeptisch. (https://dmexco.com/de/press/dmexco-trendumfrage-wo-kommunikatoren-kuenstliche-intelligenz-bereits-heute-einsetzen/).

Fazit

Es ist zu erwarten, dass die Nutzung im Bereich der Datenanalyse und auch bei der Verrichtung von Routineaufgaben weiter zunimmt. Kommunikationsexpert*innen werden künftig sehr intensiv mit KI-Software zu tun haben und sind gut beraten, sich ein entsprechendes Bewusstsein dafür anzueignen. Die hierzu nötigen Skills liegen angesichts der Komplexität der Anwendungen eher in der IT als in der Kommunikation. Und zugleich verschmelzen die Bereiche perspektivisch immer weiter.

6 Aufbau und Struktur einer IK-Abteilung

Ein Beispiel aus der Praxis

Auf diese Gelegenheit hatte Valerie J. lange gewartet. Das mittelständische Unternehmen, in dessen Kommunikations-Team sie seit einigen Jahren mitarbeitete, hatte ihr angeboten, die interne Kommunikation als eigenständige Abteilung aufzubauen. Endlich hatte die Geschäftsleitung beschlossen, ein passendes Budget bereitzustellen.

*Engagement war tatsächlich auch dringend notwendig, denn das Unternehmen bewegte sich von Krise zu Krise. Zuerst in eine wirtschaftliche, die mithilfe einiger Investor*innen bewältigt werden konnte. Dann kam die Pandemie. Die Homeoffice-Vorteile konnten nur die Mitarbeitenden aus der Verwaltung für sich in Anspruch nehmen, die Produktion hatte, wie so häufig, das Nachsehen. Die internen Gräben, die abteilungsübergreifend sowieso schon bestanden, ziehen sich seither mitten durch die Belegschaft. Zudem wurden auf allen Hierarchieebenen Ängste spürbar. Als produzierendes Gewerbe waren geopolitische Konflikte, Rohstoffknappheit und explodierende Energiepreise wirklich das Allerletzte, was man brauchen konnte, und niemand wusste genau, wohin das alles führen sollte und welche Strategie das Unternehmen überhaupt verfolgte.*

Nachdem man jahrelang vor allem zu Weihnachten und beim Sommerfest intensiver mit den Mitarbeitenden gesprochen hatte, wünschte sich die Geschäftsleitung nun eine kontinuierliche, enge und direkte Kommunikation mit allen Mitarbeitenden. Diese sollten Vertrauen ins

A. Montua, *Führungsaufgabe Interne Kommunikation*,
https://doi.org/10.1007/978-3-658-41715-4_6

Unternehmen und in die Führungskräfte haben und auch ihre Ängste und Befürchtungen mitteilen können. Besser so, dachte man sich, als dass die jungen Mitarbeitenden mit viel Potenzial und langjährige und erfahrene Mitarbeitende aus Angst um ihren Arbeitsplatz und die Eigenheimfinanzierung zu anderen Arbeitgebenden in der Region wechseln.

Sie hatte nun die Aufgabe, die Gemengelage aus nicht vorhandenen IK-Strukturen und -Prozessen sowie etablierten internen Kommunikationskanälen in Kombination mit einer völligen Unkenntnis der genauen Gemütslage der Mitarbeitenden in den Griff zu bekommen. Nach der anfänglichen Euphorie beschlich Valerie J. der Verdacht, dass das vielleicht gar nicht so einfach werden würde.

Wo sollte sie anfangen? Welche Personen und Rollen würde sie genau brauchen? Wie konnte sie den Mehrwert der IK aufzeigen? Welche Herausforderungen, die in Zukunft noch auf sie zukommen würden, musste sie heute schon mitdenken und welche Investitionen musste sie dafür tätigen?

Unternehmen gehen zusehends dazu über, die Interne Kommunikation nicht (mehr) als die kleine Schwester der Externen Kommunikation anzusehen. Endlich! Vielmehr erhalten beide als integrierte Kommunikation eine eigenständige Relevanz, die aufgrund ihrer Wirksamkeit und ihrer Schnittstellenfunktion direkt unter der Geschäftsführung oder der Personalabteilung anzusiedeln ist.

Finden wir bei Beratungsmandaten im Unternehmen eine „grüne Wiese“ vor und gibt es wenig Struktur, hilft es, zuallererst im Zuge der Planung das gesamte Feld der Internen Kommunikation zu betrachten. Der bunte Strauß an möglichen Themenfeldern und Aufgaben lässt sich in drei grobe Kernbereiche clustern. Diese benötigen sowohl beim Neuaufbau als auch bei der Professionalisierung genügend Raum und müssen sich strukturell und personell in der neuen Abteilungsaufstellung wiederfinden.

Dabei geht es um:

Orientierung und Information

Mitarbeitende benötigen ein Verständnis für das Unternehmen, für seine wirtschaftlichen, ethischen und strategischen Ziele und Prozesse. Vision, Mission und Werte der Organisation müssen nicht nur bekannt, sondern fest im Bewusstsein der Mitarbeitenden verankert sein. Mitarbeitende benötigen Zugriff auf Wissenswertes zum Unternehmen, Projekten genauso wie Best Practices, Videos, Hilfestellungen und Dokumente.

Auch alles, was die Individualität des Unternehmens und damit seiner Kultur betrifft, kann und sollte im Dialog mit den Mitarbeitenden vermittelt werden, nicht als Monolog oder Predigt. Auch die Wahl der Kanäle obliegt der IK. Mitgedacht werden müssen aber auch die Zusatzaufgaben, bspw. die Befähigung zur Kommunikation, die Führungskräften hilft, auch den kommunikativen Facetten ihrer Aufgabe optimal nachzukommen.

Austausch und Dialog

Kommunikation funktioniert nur im Dialog. Eine reine Informationsweitergabe wird den Anforderungen, die die wirtschaftliche und gesellschaftliche Entwicklung nach sich zieht, nicht gerecht. Mitarbeitende wollen sich einbringen, mitgestalten – und vor allem gesehen und gehört werden. Umso wichtiger ist der direkte Austausch zwischen direkten Führungskräften und Mitarbeitenden; genauso wie auch mit der Geschäftsführung. Diese darf die Interne Kommunikation hauptverantwortlich fördern und vorantreiben. Es stärkt – sowohl bilateral als auch im Team – das Vertrauen. In einem sicheren und wertschätzenden Umfeld fällt es Menschen viel leichter, sich einzubringen.

Auf inhaltlicher Ebene sollten sowohl harte Fakten, also ein gängiger Informationsaustausch, aber auch das persönliche Befinden, Sorgen, Befürchtungen, Ängste und Ärger Raum finden können. Unternehmen müssen davon ausgehen, dass das U in VUCA (die Unsicherheit) Bestandteil der Geschäftsprozesse der kommenden Jahre bleiben wird. Ein guter, von allen Beteiligten geübter und gelernter Umgang mit den dazugehörigen Themenfeldern wirkt sich stabilisierend auf die Situation aus.

Motivation und Wir-Gefühl

Der Gallup Engagement Index bestätigt seit Jahren (zum Glück mittlerweile mit inzwischen leicht besser werdenden Ergebnissen): Engagement und Motivation der Mitarbeitenden sollten von den

Unternehmen aktiv und konsequent auf einem hohen Niveau gehalten werden (Kap. 4.6), denn: Je intensiver die Mitarbeitenden mit dem Unternehmen verbunden sind, desto solider ist die Basis ihres Wir-Gefühls. Dieses ist angesichts der Distanz, die hybrides und asynchrones Arbeiten mit sich bringt, unerlässlich und spielt eine zentrale Rolle für das Wohlbefinden und damit für den Erfolg des Unternehmens. Und auch hier sitzt die IK am Kommunikationshebel. Die Sinnhaftigkeit der eigenen Arbeit ist ein Schlüssel für Engagement. Dafür ist wichtiger denn je, die Zusammenhänge zwischen dem großen Ganzen und der eigenen Tätigkeit aufzuzeigen. (Abb. 6.1).

6.1 Das Vorgehen

Zunächst einmal gilt es festzulegen, welche Anforderungen an die IK jetzt und auch in Zukunft gestellt werden. Dabei ist es unerheblich, ob es sich um eine neue Abteilung, wie in unserem Beispiel, oder aber um eine Professionalisierung eines bestehenden Teams handelt. Mal sind alle oben genannten Aufgaben der neuen Abteilung wichtig, vielleicht haben aber auch einzelne Aufgaben Vorrang. Bereits direkt von Beginn an sollte mitgedacht werden, was womöglich später einmal benötigt wird.

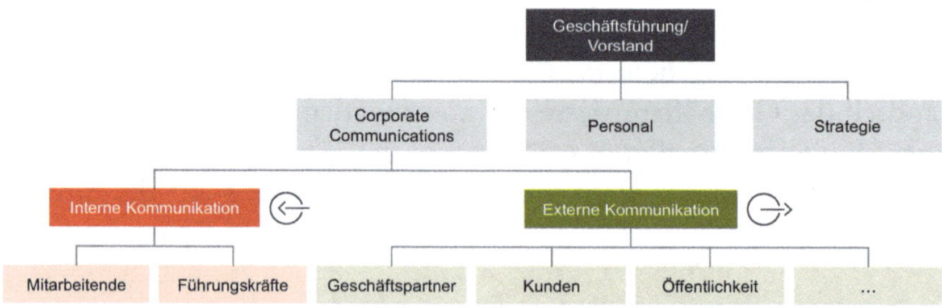

Abb. 6.1 Die klassische Kommunikationsabteilung. (Quelle: *Christoph Moss 2016, Themenorientierte Steuerung: Der* ***Newsroom*** *in der Unternehmenskommunikation*)

6.2 Ist- und Bedarfsanalyse

Außer im Falle einer Unternehmens-Neugründung ist in *keinem* Unternehmen wirklich *gar keine* Interne Kommunikation vorhanden. Wahrscheinlicher ist, dass es organisch gewachsene Prozesse, Gewohnheiten und Rituale gibt, die diesen Teil der Zusammenarbeit automatisch geregelt haben. Diese entwickeln sich üblicherweise schnell und in ihrer sehr eigenen Dynamik. Der/Die Chef*in informiert seine*n/ihre*n Assistent*in, die/der Informationen dann mit den Führungskräften und den Mitarbeitenden teilt. Mögliche Fragen aus dem Team gehen den gleichen Weg in umgekehrter Richtung, vermutlich gibt es einen lebhaften Flurfunk. Vielleicht hat sich ein wöchentliches gemeinsames Frühstück etabliert, bei dem jede und jeder aus seinem Bereich berichtet, vielleicht aber auch schreibt der/die Geschäftsführer*in regelmäßig E-Mails „an alle".

Wirksame Interne Kommunikation informiert, motiviert und verbindet die Mitarbeitenden mit Ihrem Unternehmen. Um eine strukturierte Interne Kommunikation aufzusetzen oder eine bereits vorhandene zu professionalisieren, ist es wichtig, den tatsächlichen Bedarf und das Stimmungsbild der Zielgruppen zu kennen:

- Wie gut geht es den Kolleginnen und Kollegen gerade?
- Wie und wo erhalten sie die für sie wichtigen Informationen? Was fehlt ihnen?
- Wie wichtig ist ihnen Austausch, Interaktion und die Möglichkeit, Feedback zu geben?
- Was passt zu ihrer Arbeit, ihrem Arbeitsplatz, ihrer Arbeitszeit? Was passt vielleicht nicht mehr und kann weg?

Starten Sie bitte nicht mit der Frage, was Sie mit Ihrem vielleicht noch nicht so üppigen Budget überhaupt tun können. Starten Sie auch nicht mit einem technischen oder inhaltlichen „Wunschzettel" von der Geschäftsführung oder den IT-Verantwortlichen. Lassen Sie sich schon gar nicht auf das „wir brauchen doch nur … eine App/einen Newsletter o. Ä."-Gespräch ein. Starten Sie dieses Projekt bitte so sorgfältig und planvoll wie jedes andere auch. Und vor allem starten Sie stets bei dem Bedarf Ihrer Zielgruppen. Ich empfehle Ihnen unbedingt, erst den Bedarf zu ermitteln und dann über das Tool zu entscheiden – denn Tool ist nicht gleich Tool (siehe Kap. 5).

Sobald Sie Antworten auf diese Fragen haben, können Sie den weiteren Prozess strukturieren. Stellen Sie sich hierfür drei Fragen:

1. Was wollen wir erreichen? (Zieldefinition)
2. Was brauchen wir dafür? Was haben wir bereits? (IK-Strategie, Planung)
3. Wie kommen wir dorthin? (Vorbereitung)

6.3 Zieldefinition

Was soll die neue Abteilung leisten? Heute? Morgen? In Zukunft? Nehmen Sie sich einen Moment und schauen Sie – gern auch gemeinsam mit Ihrer Geschäftsführung – in die Glaskugel. Lassen Sie sich dafür auf das folgende Gedankenspiel ein:

Stellen Sie sich vor, wir schreiben das Jahr 2026. Das Mitarbeitenden-Engagement ist so hoch wie nie, die Interne Kommunikation ist etabliert und die Zufriedenheit der Mitarbeitenden liegt bei neun von zehn Sternen. Was ist passiert? Beschreiben Sie, welches Bild der Internen Kommunikation Sie vor Augen haben und wie Sie die Mitarbeitenden informieren und einbinden.

- Wo ist die IK angesiedelt?
- Wie groß ist das Team?
- Mit welchen Schnittstellen arbeiten wir wie zusammen?
- ….

Nutzen Sie diese Gedanken für die nächsten Schritte und auch die kulturellen Aspekte sollten nicht zu kurz kommen. Zugehörigkeitsgefühl stärken, Konsistenz schaffen, Silos aufbrechen, Kollaboration fördern – Interne Kommunikation ist eine der Schlüsselfunktionen in Unternehmen. Damit diese wirksam sein kann, bedarf es einer klaren strategischen Einbettung. Definieren Sie die dafür notwenigen Ziele methodisch, nach SMART, OKR oder einer anderen Methode, die in Ihrem Unternehmen verwendet wird, und erstellen Sie eine IK-Strategie (Kap. 3), die das Selbstverständnis, Zielsetzung, konkrete Aufgaben, Rollen und Struktur und die IK-Kanäle beinhaltet.

Denken Sie Schnittstellen und die Kultur von Anfang mit. Stellen Sie insbesondere eine enge Zusammenarbeit mit der GF, dem Marketing, dem Personal(-Bereich), den Strateg*innen und der Externen Kommunikation sicher.

6.4 Planung

Ist Ihre Strategie final verabschiedet, gehen Sie in die planerische Ausgestaltung. Bisher haben Sie einen Überblick darüber gewonnen, was die Führungskräfte und Mitarbeitenden brauchen und was sie erwarten. Sie wissen, was vorhanden ist, und haben festgelegt, was Sie bis wann erreichen wollen. Nun gilt es festzulegen, wie und mit welchen Mitteln die Ziele erreicht werden sollen.

6.5 Das Team

Wer hätte nicht gern direkt vom Start weg ein dreiköpfiges Team oder das „Okay" für den Ausbau der aktuellen Besetzung um weitere Stellen? In der Praxis bleiben solche Szenarien eher Wunschdenken. Daher suchen Sie nach alternativen Ansätzen. Erfahrungsgemäß kann ein crossfunktionales Team eine große Hilfe sein.

Die Mitglieder des Teams stehen im regelmäßigen Austausch und erarbeiten Inhalte. Dies kann in Form eines IK-Circles mit einem festen Kreis an Mitarbeitenden sein oder aber als eine Art Sounding Board. Auf diese Weise machen Sie die IK zu einer gemeinsamen Mission. Binden Sie dafür Mitarbeitende aus unterschiedlichen Abteilungen, die Sie je nach Ansatz regelmäßig oder gelegentlich unterstützen und der IK in „Teilzeit" zuarbeiten. Auf diese Weise stellen Sie sicher, dass möglichst viele Seiten des Unternehmens, unterschiedliche Abteilungen und

Sichtweisen in die Interne Kommunikation einfließen. Die Steuerung erfolgt über die IK-Verantwortlichen.

6.6 Die Content-Strategie

Erstellen Sie eine Content-Strategie und behalten Sie dabei das große Ganze im Blick. Ihre Strategie bildet die Grundlage und den Leitfaden für alle Kommunikation und beantwortet u. a. diese Fragen:

- Welche Themen werden über welche Kanäle an welche Zielgruppen kommuniziert?
- Welche Tonalität verwenden wir in welchem Kanal?
- Wie sollen Inhalte (Text, Bild, Video etc.) in den jeweiligen Kanälen eingesetzt werden?
- Welche „Text"-Formen (Fließtext, Interview etc.) verwenden wir?
- Wie stärken und schulen wir Mitarbeitende als Content-Produzenten?

Anhand einer Content-Strategie wissen alle Sender*innen, welche Inhalte in welcher Form kommuniziert werden.

6.7 Vorbereitung

Etablieren Sie Prozesse
Definierte Workflows erhöhen die Qualität und Aktualität des Contents, sorgen für Schnelligkeit und mehr Flexibilität. Neuen Kolleg*innen erleichtern sie überdies den Einstieg in ihren neuen Aufgabenbereich. Schaffen Sie Transparenz darüber, welche Informationen in welchem Kanal zu finden bzw. zu platzieren sind. Erstellen Sie hierzu gern eine grafische Übersicht und kommunizieren Sie diese im Rahmen einer kleinen Kampagne an die Mitarbeitenden.

Nutzen Sie ein Tool für die Planung
Mit einem Redaktionsplan erleichtern Sie sich die übergreifende Planung der Kommunikation für die kommenden Wochen und schaffen Transparenz. Insbesondere wenn Sie weitere Schnittstellen einbinden, erleichtert dies den crossfunktionalen Austausch. Zudem hilft Ihnen der Plan bei einer konsequenteren crossmedialen Umsetzung und beim Erstellen von passgenauen Inhalten für die verschiedenen Zielgruppen. Visualisierung der Themen als Enabler für Sie, Ihr Team und die Organisation.

Befähigen Sie die Sender
Schaffen Sie eine Anlaufstelle für Wissenswertes zur Content-Erstellung. Nutzen Sie Checklisten, How-to-Videos, Beispiele und bieten Sie regelmäßige How-to-Sessions an.

Erstellen Sie Templates für Ihre Mitarbeitenden, einheitliche Vorlagen erleichtern die Arbeit enorm. Bieten Sie auch einen Fundus von Bildmaterial. Bestimmt hat die Externe Kommunikation oder die Marketingabteilung bereits einen Pool, auf den sie zugreifen dürfen. Sorgen Sie für einen aktuellen, frischen Pool an Dokumenten, mit denen gearbeitet werden kann.

Langfristig und ab einer gewissen Unternehmensgröße ist es sinnvoll, sich auf das Modell eines Corporate Newsrooms zu verlegen. Wissenswertes hierzu finden Sie im nächsten Exkurs.

6.8 Budget

Abhängig von den (kommunikativen) Zielen wird auch das Budget für eine solche Abteilung eher größer oder eher kleiner ausfallen. Aber auch mit wenig Budget können Sie signifikant zum Unternehmenserfolg beitragen. Unsere Erfahrung hat gezeigt (und vielleicht ist Ihnen das auch schon passiert), dass das Sparen an falscher Stelle enormen Stress und Kosten produzieren kann. Ehe Sie sich also beispielsweise für ein kostenloses Newsletter-Tool entscheiden, mit dem Sie dann aber keine Responses tracken können, oder ein teures Intranet aufsetzen, das Ihnen aber keinen finanziellen Spielraum mehr für Trainings und Aktivierung lässt, überlegen Sie sehr genau, was Sie kurz und mittelfristig wirklich benötigen.

Unser Tipp Je genauer Sie zu Beginn Ihres Projekts analysieren und sich messbare (SMARTe) Ziele setzen, desto zielgenauer können Sie auch das Budget planen und einsetzen und natürlich auch begründen. Vermeiden Sie Daten-Tapeten und erheben Sie gezielt Daten, mit denen Sie arbeiten wollen und können. Ohne Zahlenwerk, das die Qualität und den Erfolg Ihrer Arbeit abbildet, sind Investitionen nur schwer zu bekommen.

6.9 Blick auf die Historie

Schauen wir uns einmal an, wo die Interne Kommunikation in vielen Organisationen bisher angesiedelt gewesen ist (Abb. 6.1).

Vielleicht kennen Sie diesen Aufbau auch aus Ihrem Unternehmen noch. Getrennt vom Schwester-Bereich Externe Kommunikation war die Interne Kommunikation zumeist im Bereich Corporate Communications und unter dem CEO oder dem Geschäftsführungsmitglied HR angesiedelt, parallel neben dem Personalbereich und der Strategie-Abteilung. Austausch gab es vor allem dann, wenn die Leitungen der jeweiligen Bereiche gut miteinander konnten oder aufgrund thematischer Überschneidungen gezwungen waren, miteinander ins Gespräch zu kommen.

Betrachten wir, wie die (Interne) Kommunikation mittlerweile in die strategischen und personellen Prozesse der Organisationen eingebunden ist, wird schnell deutlich, dass diese Aufteilung von Verantwortlichkeiten und kommunikativem Miteinander wenig sinnvoll erscheint.

Gern möchte ich Ihnen deshalb für den (Neu-)Aufbau Ihres Bereiches das Newsroom-Modell empfehlen und näherbringen.

6.9.1 Exkurs: Der Corporate Newsroom und seine Lightversion

Ein Corporate Newsroom ermöglicht es, die kommunikative Zusammenarbeit aller involvierten Bereiche eines Unternehmens zu stärken. Ziel ist es, Botschaften für die Interne und Externe Kommunikation zu synchronisieren und diese dann über viele Kanäle und Formate auszuspielen. Das bringt mehr Quantität und hebt die Qualität. Dabei spielen die Faktoren Öffnung, Flexibilität und Transparenz entscheidende Rollen, um versteckte Synergien zu nutzen. (Abb. 6.2).

Dachten Sie bisher, ein Newsroom ist nichts für Ihre Organisation, solange Sie nicht mehrere Tausend Mitarbeitende haben?

Ich möchte Sie gern einladen, einmal anders auf dieses Thema zu schauen.

Für einen Newsroom ist es aus unserer Erfahrung nicht zwingend nötig, große technische Lösungen oder wahnsinnig viel Personalaufwand einzusetzen. Ja, ein Newsroom hat etwas mit Veränderung, Agilität und Eigenverantwortlichkeit zu tun. Die Potenziale, die sich hinter diesem Konzept verbergen, verbessern die Arbeit aller Beteiligten und sorgen letztendlich für Spaß und Abwechslung. Der Corporate Newsroom ermöglicht es, Content themenfokussiert zu planen und Formate und Maßnahmen daraufhin abzustimmen.

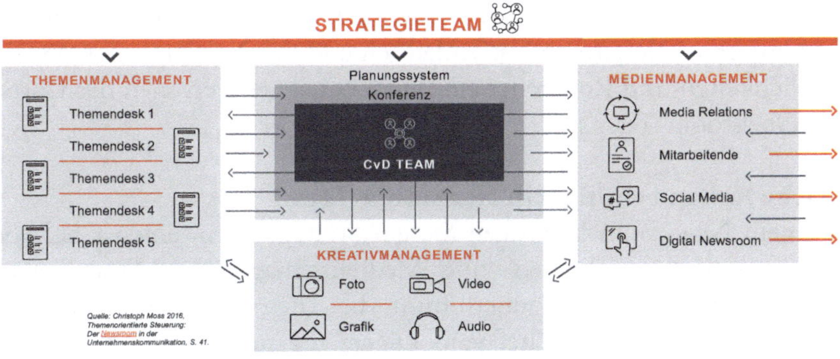

Abb. 6.2 Die Kommunikationsabteilung als klassischer Corporate Newsroom. (Quelle: *Christoph Moss 2016, Themenorientierte Steuerung: Der **Newsroom** in der Unternehmenskommunikation, S. 41.*)

Es geht darum, Silos aufzubrechen und gemeinsame Inhalte zu planen und umzusetzen. Ein Newsroom ist also sehr wohl auch für Unternehmen geeignet, in denen nur wenige Menschen in der Kommunikation arbeiten.

Was macht einen Corporate Newsroom aus?
Mit dem Konzept des Corporate Newsrooms brechen alteingesessene Strukturen auf und Sie ebnen damit den Weg für eine dynamische Kommunikation. Aktualität, Zielgruppe und Kanäle sind dabei die entscheidenden Schlagwörter. Ein bereichsübergreifendes Team entscheidet und produziert gemeinsam die Themenschwerpunkte. Durch diese Art der Zusammenarbeit lassen sich Expertisen gezielter einsetzen und Themen für einzelne Kanäle passgenauer aufbereiten. Prozesse innerhalb des Teams verschlanken sich und greifen effizienter ineinander.

Was ist die Basis für einen Corporate Newsroom?
Eine auch virtuell offene Tür – und das im wahrsten Sinne des Wortes. Es geht darum, noch stärker dialogorientiert zu denken. Eine transparente Infrastruktur bildet räumlich und auch IT-seitig die Basis. Gemeinsame Redaktionspläne geben allen Beteiligten einen Gesamtüberblick über Bevorstehendes (Kampagnen oder die geplante Kommunikation) und erleichtern die Planung der einzelnen Themen. Regelmäßige Meetings und kurze Abstimmungswege unterstützen die flexible und transparente Arbeitsweise. Ein elementarer Schritt bei der Einführung des Corporate Newsrooms ist zudem eine klare Definition von Verantwortlichkeiten und Rollen der einzelnen beteiligen Personen des Corporate-Newsroom-Teams.

Welche Rollen benötigt ein Newsroom-Team?
In einem Newsroom benötigen Sie ein Strategieteam, einen Chef vom Dienst, außerdem Themen- und Medienmanager. Das Strategieteam liefert frische Ideen und übernimmt die Themenplanung und -kontrolle. Diese erhält der Chef vom Dienst. Er steuert die Themen, gewichtet sie und erteilt Arbeitsaufträge an die Themen- und Mediendesks. Die Themenmanager recherchieren, halten Rücksprache mit den Fachabteilungen und produzieren die Inhalte. Nach erfolgter

Freigabe übernehmen die Medienmanager und sorgen für die Verbreitung.

Wie komme ich nun zu einem Corporate Newsroom?
Die Integration eines Corporate Newsrooms erledigt sich natürlich nicht von heute auf morgen. Für das gesamte Team ist es ein intensiver, fordernder Prozess, der ihnen Partizipation, Kompetenzerweiterung und Veränderungsbereitschaft abverlangt. Doch die Anstrengungen lohnen sich, denn es entsteht ein spürbarer Mehrwert für die Mitarbeitenden und das Unternehmen.

6.9.2 Newsroom oder Newsroom light?

Viele Unternehmen nähern sich dem Newsroom auf ihre ganz eigene, individuelle Art und Weise. Schließlich handelt es sich beim Newsroom ja nicht vordringlich um eine starre Struktur, sondern um eine Idee, eine Haltung von Gemeinsamkeit und Zusammenarbeit, von Schnelligkeit und Effizienz und der Vermeidung von Silos.

Wir empfehlen Ihnen deshalb, einmal die Variante „Newsroom light" in Ihren Köpfen zu bewegen. Auch mit einem kleinen (bereits zweiköpfigen Kommunikationsteam) lässt sie sich in die operative Tat umsetzen. (Abb. 6.3).

Schauen wir noch mal kurz zum klassischen Corporate Newsroom. Er

- ist zentraler Content-Hub für Unternehmensinhalte.
- ähnelt in seinem Aufbau einem traditionellen Nachrichtenraum oder einer Redaktion.
- hat eine feste Gruppe von Mitarbeitenden, die unterschiedliche Themen und Kanäle verantworten.
- ist in der Regel mit umfangreichen Ressourcen und Werkzeugen ausgestattet.

Im Gegensatz zu diesem Modell ist die Lightversion schlanker und konzentriert sich auf eine einfachere Form der Unternehmenskommunikation. Zwar dient auch diese Form als interner Hub für die

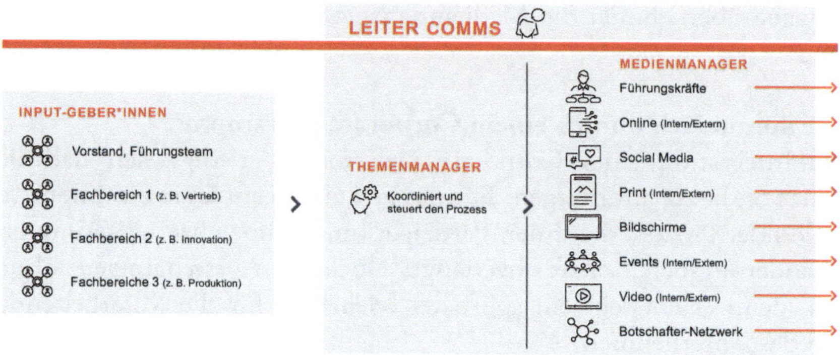

Abb. 6.3 Die Kommunikationsabteilung als Newsroom light. (Quelle: Eigene Darstellung)

Zusammenstellung und Verbreitung von Unternehmensnachrichten, ist aber u. U. nicht so umfangreich ausgestattet wie ein Corporate Newsroom.

Häufig sind die Mitarbeitenden aus den Fachbereichen entliehen und stellen ihre Expertise im Newsroom nur für eine begrenzte Stundenanzahl pro Woche zur Verfügung.

Möglicherweise sind auch seine Handlungsfelder begrenzt. Vielleicht hat er nur die Aufgabe, kurze Nachrichten, Updates oder Mitteilungen zu erstellen und zu verbreiten, oder er ist auf bestimmte Kanäle wie interne Newsletter, Intranet-Plattformen oder Social-Media-Gruppen beschränkt.

Im Krisenfall kann ein Newsroom light auch als reaktionsfähige Einheit dienen, um auf aktuelle Ereignisse oder Fragen zu antworten.

6.10 Ihre ersten Schritte im Überblick

- Definieren Sie Ihre Ziele.
  Was genau möchten Sie erreichen? Gehen Sie dazu vor wie in Kapitel 3 beschrieben.
- Planen Sie Ihre Ressourcen.

Anhand dieser Ziele analysieren Sie Ihren Bedarf an technischen und personellen Ressourcen. Wen benötigen Sie in Festanstellung? An welcher Stelle können Sie auf freie Mitarbeiter*innen oder Kolleg*innen aus anderen Abteilungen zurückgreifen?

- Legen Sie Ihren Standort in der Organisation fest.
  Entscheiden Sie, wo Sie Ihre Kommunikation ansiedeln möchten. Möglich sind die Abteilungen HR, die Geschäftsführung oder die Unternehmenskommunikation.
- Entscheiden Sie über die Struktur Ihrer Abteilung.
  Möchten Sie Ihre Abteilung nach der herkömmlichen oder nach der Newsroom-Methode aufsetzen? Hiervon hängen die nächsten Schritte ab.
- Erarbeiten Sie die gewünschte Zusammenarbeit.
  Gehen Sie mit den beteiligten Fachbereichen in den Austausch. Prüfen Sie, wer welche Rolle bekleiden soll, wie die Beteiligten sich ihre Arbeit vorstellen. Erarbeiten Sie in einem Kick-off-Workshop, wie genau die Zusammenarbeit funktionieren soll. Berücksichtigen Sie auch einen kontinuierlichen und engen Austausch mit der Geschäftsleitung.
- Starten Sie Ihre taktische Planung.
  Dazu gehört die Erstellung von Job-Profilen, Budget- und Contentplänen usw.

Unser Tipp Prüfen Sie, ob der Newsroom light Ihre Anforderungen erfüllen kann. Seine Struktur ist schlanker, flexibel anpassbar und weit weniger aufwendig, als Sie es bisher vielleicht von einem Corporate Newsroom dachten. Dennoch verbindet er alle Bereiche, die Ihre Kommunikation schnell und zielgerichtet, nachhaltig und zukunftsfähig machen.

7 (Interne) Kommunikation ist messbar

Ein Beispiel aus der Praxis

Seit zwei Jahren ist Irene S. Kommunikationsleiterin in einem international tätigen Pharmaunternehmen. Einige Veränderungen hat sie in den zurückliegenden Monaten bereits umsetzen können. Auch die strategische Ausrichtung der Internen Kommunikation ist inzwischen von der „To-do"- auf die „Erledigt"-Liste gerutscht – Optimierung der Kommunikationsinstrumente inklusive. Führungskräfte und Mitarbeitenden sind seitdem deutlich aktiver im Social Intranet und in den angebotenen Veranstaltungsformaten unterwegs. Und sie fragen nach weiteren Angeboten, schlagen vor, eine unternehmenseigene App ins Leben zu rufen und vielleicht auch mal über einen Podcast nachzudenken. So begeistert Irene S. darüber ist, so ideenlos ist sie, wie sie ihren Vorstand von einer Budgeterhöhung für all diese Themen überzeugen soll. Er hatte bereits bei ihrem Antritt die Interne Kommunikation mit eher kritischen Augen betrachtet und das Budget recht widerwillig freigegeben. Wie sollte sie ihm nun also klarmachen, dass sich das Investment in die Motivation und das Engagement der Mitarbeitenden lohnt? Im ersten Schritt hatte sie diese Frage in öffentlichen Foren und Kommunikationsarbeitskreisen gestellt. Aber leider war bisher kein wirklich umsetzbarer Vorschlag dabei gewesen. Zu sehr waren auch in anderen Unternehmen Entscheidungen für oder gegen Kommunikationsbudgets abhängig von dem Blick, den die Unternehmenslenker selbst auf kommunikative Themen haben.

A. Montua, *Führungsaufgabe Interne Kommunikation*,
https://doi.org/10.1007/978-3-658-41715-4_7

Wenn es ihr doch nur gelänge, mit Zahlen darzulegen, dass ein Mehr an Interner Kommunikation ein Mehr an Unternehmenserfolg nach sich zöge. Dann hätte sie gute Chancen, den nächsten Schritt bei ihrer Internen Kommunikation gehen zu können.

Derzeit gibt es kaum ein Unternehmen, das sich nicht mit der Messbarkeit seiner kommunikativen Maßnahmen beschäftigt. Das Problem dabei: Kausale Zusammenhänge lassen sich oft nicht direkt mit Zahlen belegen. Mehr noch: Veränderungen bei Themen wie Motivation, Engagement und Unternehmertum werden oft erst über längere Zeiträume deutlich. Für die meisten Unternehmen ist es deshalb schwierig, den Erfolg einzelner Maßnahmen mit Zahlen, sogenannten Key Performance Indicators (KPI), zu belegen.

Sie möchten es dennoch versuchen? Dann nehmen Sie sich gern die folgenden Anleitungen zu Herzen – und diesen Tipp gleich ebenso: Bleiben Sie bitte geduldig mit sich und Ihren Kennzahlen. Der Aufbau eines Kommunikationscontrollings ist nichts, was von heute auf morgen umgesetzt werden kann. Ihr langer Atem aber wird sich auszahlen. Eine messbare Interne Kommunikation legitimiert den Einsatz von Ressourcen. Harte Fakten liefern gute Argumente für eine Optimierung oder Weiterentwicklung der Internen Kommunikation, gegebenenfalls inklusive einer personellen und instrumentellen Aufstockung.

Aber auch für Ihre eigene Arbeit ist eine Erfolgsmessung hilfreich: Wo können Sie besser werden, an welchen Stellen muss nachgesteuert oder mehr auf Zielgruppen eingegangen werden? Was läuft vielleicht schon wirklich gut und wo erreichen Sie Ihre Zielgruppen bereits? Ist das Budget gut und richtig eingesetzt oder sollten Anpassungen vorgenommen werden?

Auf den folgenden Seiten werden Sie feststellen, dass kein Wirkungsstufenmodell oder andere theoretische Erklärmodelle zu finden sind. Das mögen Sie mir bitte nachsehen. Aus unserer Arbeit in den Unternehmen weiß ich, dass genau diese Modelle für Unternehmen oft schwer in die Praxis transferierbar sind. Deshalb erhalten Sie stattdessen eine Art Anleitung, wie Sie sich in jedem Unternehmen dem Thema Erfolgsmessung nähern können. In einem nächsten Schritt dann auch komplexere Modelle in Ihre Überlegungen mit einzubeziehen wird

Ihnen leichterfallen, wenn die Basis Ihrer Evaluation erst einmal gelegt ist.

Ein paar Anmerkungen vorweg:

- Die Grundlage Ihrer Erfolgsmessungen, egal ob über KPI oder OKR, bilden messbare Kommunikationsziele, die im besten Falle auf die Ziele des Unternehmens einzahlen und so die Wertschöpfung der Kommunikation unzweifelhaft nachweisen können. Wie Sie IK-Ziele definieren und messbar machen, erfahren Sie auf den kommenden Seiten und in Kap. 3 zur Strategie Ihrer Internen Kommunikation.
- Wichtig ist, den Begriff „Erfolg" vorab genau zu definieren – für Sie ebenso wie für diejenigen, die in Ihrem Unternehmen an Kennzahlen interessiert sind. Was genau meint für Sie Erfolg? Welche Ziele haben Sie sich gesetzt? Entscheidet die Menge an Gelesenem oder Angeklicktem? Oder sind Meinungen und Einstellungen, die sich ändern, ausschlaggebender? Löst gar ein geändertes Verhalten, das zu anderen Herangehensweisen und damit zu einer veränderten Kultur führt, das Erfolgsempfinden aus? Werden Sie sich bitte darüber klar, warum Sie Informationen sammeln wollen. Was muss sich verändert haben, damit Sie mit einem guten Gefühl von einem Erfolg sprechen können?
- Erheben Sie sowohl quantitative als auch qualitative Daten. Sprich: Fragen Sie Ihre Kolleg*innen nicht nur, wie häufig sie das Intranet oder die Mitarbeitendenzeitschrift nutzen; begnügen Sie sich nicht damit, Häufigkeiten auszuwerten. Sondern fragen Sie auch nach den möglichen Gründen: Warum also empfinden die Kolleg*innen Tools als passend bzw. optimierungswürdig? Welche Wünsche haben sie an eine Optimierung und welche Ideen liegen für sie vielleicht auf der Hand? Nur so können Sie Ihre Interne Kommunikation im nächsten Schritt sinnvoll anpassen. Unterziehen Sie auch Strukturen und Prozesse einer Prüfung.
- Fragen Sie sich, ob Sie und die Beteiligten, die über Budget und weiteres Vorgehen entscheiden, wirklich bereit sind, etwas zu verändern, wenn die Ergebnisse vorliegen. Es gilt der Grundsatz: Keine Befragung, ohne dass an kritischen Themen im Anschluss gearbeitet wird.

7.1 Messbarkeits- und Wirkungsebenen

Wenn Sie beginnen, sich mit der Erfolgskontrolle der Internen Kommunikation zu beschäftigen, werden Sie feststellen, dass vor allem drei Ebenen messbar sind:

- die Arbeit der Internen Kommunikation insgesamt
- der Effekt/die Wirkung einzelner Projekte, Maßnahmen und Initiativen
- der Einsatz und die Nutzung einzelner Kanäle

Sie können demzufolge den Erfolg Ihrer gesamten Internen Kommunikationsmaßnahmen messbar machen und in Kennzahlen darstellen. Oder aber sich auf einzelne Projekte bzw. Tools beschränken.

7.2 Definition von Kennzahlen

Möchten Sie im nächsten Schritt KPI oder OKR definieren (siehe Kap. 3), so können diese auf verschiedene Wirkungsebenen von Kommunikation bezogen sein:

- auf Themen oder Informationen, die Sie bekannt machen möchten,
- auf die Einstellungen (Wie denken die Mitarbeitenden über ein bestimmtes Thema?) oder
- auf das Verhalten der Mitarbeitenden (Wie verhalten sich Ihre Kolleg*innen in Bezug auf ein Projekt, eine Veränderung, innerhalb der Bereiche oder Teams?). Arbeiten Sie mit OKR, ist die gemeinsame Verfolgung von Zielen im Team fester in den täglichen Prozessen verankert.

Konzentrieren Sie sich zu Beginn am besten auf einige wenige KPI oder OKRs und stellen Sie eine Handvoll Messgrößen zusammen, die Ihnen dann auch wirklich bei der Einschätzung Ihrer persönlichen Definition von Erfolg eine Unterstützung sein können.

Und nun lassen Sie uns Schritt für Schritt vorgehen.

7.2.1 Definieren Sie messbare Ziele

Sie erinnern sich – wir hatten in Kap. 3 darüber gesprochen, dass Ziele die Basis sind für den strategischen Aufbau Ihrer Internen Kommunikation. Aber nicht nur dafür. Auch bei der Umsetzung und Messung Interner Kommunikationsmaßnahmen sind die definierten Ziele Ihre Ausgangsbasis. Je mehr wir unsere Arbeit an ihnen ausrichten, desto klarer ergeben sich Prioritäten, Entscheidungen und Inhalte, bezogen auf einzelne Tools und Formate. Ihre Ziele sollten die folgenden Ebenen umfassen:

- Zielgruppe(n)
- Format/Kanal
- Zeitraum
- Zielzustand

Und auf Basis dieser Ebenen sollten Sie die Frage beantworten können: Bei wem soll bis wann was erreicht werden?

Denken Sie im nächsten Schritt daran, Ihre Zielformulierung SMART zu gestalten, also:

- S = Spezifisch (Was genau soll sich ändern?)
- M = Messbar (An welcher Zahl/konkreten Abwandlung können Sie merken, dass sich etwas verändert hat?)
- A = Attraktiv (Was ist besser, wenn Sie das Ziel erreicht haben?)
- R = Realistisch (Welches Ziel können Sie mit den angedachten Mitteln wirklich erreichen?)
- T = Terminiert (Bis wann genau soll das Ziel erreicht sein?)

Nur so stellen Sie sicher, dass Ihre Ziele verständlich, konkret, reizvoll und erreichbar sind.

Binden Sie zur Zielbestimmung am besten die für das Projekt oder Instrument verantwortlichen Personen ein. Und das bereits in der ersten Zielfindungsphase. So erhöhen Sie das Commitment der

Kollegen*innen und bedenken von vornherein möglichst viele Parameter, die für die spätere Optimierung auf Basis der Analyseergebnisse notwendig werden.

7.2.2 Möglichkeiten der Erfolgsmessung

Nun haben Sie also messbare Ziele festgelegt und definiert, was Sie erreichen möchten und dementsprechend messen sollten. Im nächsten Schritt heißt es, Möglichkeiten zu finden, mit denen Sie genau diese Kriterien messbar machen.

Mit Blick auf Ihre Ziele sollten Sie überlegen, mit welchen KPI/OKR (siehe Kap. 3) Sie am besten messen können, ob Sie sie erreicht haben und wie Sie die Werte idealerweise erheben. Dabei sollten Sie sich im Klaren darüber sein, ob Sie qualitative oder quantitative Daten erheben möchten.

Sie wollen wissen, wie viele Mitarbeitende einen Kanal genutzt, eine Information erhalten oder ein neues Thema kennengelernt haben? Dann interessieren Sie quantitative Daten. Möchten Sie die Gründe kennen, warum jemand einen Kanal nutzt oder ein neues Thema noch nicht kennt, sollten Sie sich vor allem an qualitative Daten halten. Die Art der Daten definiert am Ende auch, welche Methoden und konkreten Fragen für Sie geeignet sind.

Auswahl der Methode
Um quantitative Daten zu erheben, bieten sich diese Methoden an:

- Alltägliche (Online-)Analysetools wie Messung der Klick-Raten
- Ergebnisse von Pulse-Checks (regelmäßige Kurzbefragungen)
- Print- oder Online-Mitarbeitendenbefragungen (separat zum Thema IK oder ergänzend in Engagement- oder Jahresbefragungen)
- Zielgruppen-Kanal-Matrix-Prüfung (gibt es für alle Zielgruppen mindestens einen passenden IK-Kanal)

Für das Erheben von qualitativen Daten geeignete Methoden:

- Strukturierte Interviews anhand von Leitfäden
- Fokusgruppengespräche
- Narrative Interviews
- Exit-Gespräche mit Mitarbeiterinnen und Mitarbeitern, die das Unternehmen verlassen (in Zusammenarbeit mit der Personalabteilung)

Hinweis: Quantitative Daten können Sie sogar mit eher qualitativ ausgerichteten Methoden erheben. Etwa, indem Sie qualitative Interviews nach der Häufigkeit bestimmter Nennungen auswerten. Beachten Sie dabei jedoch, dass die Anzahl der Teilnehmenden bei der Umfrage zu klein sein könnte, um verlässliche Aussagen für all Ihre Mitarbeitenden zu treffen.

7.3 Wann und wie oft gemessen werden sollte

Nun haben Sie mit der Erfolgsmessung begonnen und fragen sich, wie regelmäßig Sie die Messungen wiederholen sollten, richtig? Pauschal beantwortbar ist diese Frage nicht. Fragen Sie sich, was Sie mit den Erfolgskontrollen erreichen möchten: Geht es um die Erfolgsmessung einer neuen Kommunikationsstrategie? Dann wählen Sie die Abstände so, dass Veränderungen sich widerspiegeln können und Sie genug Zeit haben, von einer Messung bis zur nächsten Anpassungen an Instrumenten und Inhalten vorzunehmen und sie auch operativ in die Tat umsetzen zu können.

Möchten Sie Ihre Geschäftsführung davon überzeugen, zusätzliches Personal für Ihre Interne Kommunikation freizugeben? Dann wählen Sie die Kennzahlen entsprechend.

Beispiel: Verdeutlichen Sie über vierteljährliche Messungen die Zunahme an Themen, Texten und Toolnutzung. Veranschaulichen Sie parallel über qualitative Messungen, wie notwendig ein strategisches Vorgehen ist.

Ganz generell empfehle ich Ihnen: Führen Sie einmal jährlich eine umfassende Mitarbeitendenbefragung durch und integrieren Sie Fragen zur Internen Kommunikation. Berücksichtigen Sie, dass diese auch kulturelle Aspekte hat, und fragen Sie diese ab. So erhalten Sie regelmäßig einen Status quo, der Ihnen die Basis für einen kontinuierlichen Verbesserungsprozess liefert.

Gibt es eine solche Möglichkeit in Ihrem Unternehmen nicht? Dann setzen Sie mindestens alle zwei Jahre eine eigene Befragung zur Internen Kommunikation auf. Und planen Sie Messungen bitte vor allem auch vor und nach Kommunikationskampagnen sowie der Einführung neuer Tools ein.

7.4 Bereiten Sie die Ergebnisse zielgruppengerecht auf

Liegen die Ergebnisse vor, sollten Sie diese in eine gut konsumierbare Form geben und sich vorab einige Fragen stellen: Welche Kennzahlen interessieren wen? Ihre Kommunikations- und Personal-Kolleg*innen wünschen sich aller Voraussicht nach detailliertere Ergebnisdokumentationen als Ihr Vorstand oder die Führungskräfte bestimmter Bereiche. Bevor Sie Ihren Bericht erstellen, bieten sich die folgenden Fragen an:

- Was ist das Ziel der Dokumentation? Erhoffen Sie sich mehr Wertschätzung, mehr Budget oder dienen Ihre Informationen der reinen Information bestimmter Zielgruppen?
- Gibt es Kennzahlen aus der Vergangenheit, auf die Sie Bezug nehmen sollten?
- Braucht es eher eine grafische Aufbereitung der Zahlen oder sind vor allem die Ableitungen aus den Zielen wichtig und relevant?
- Welche Zielgruppe benötigt welche Informationen in welcher Aufbereitung?

Bereiten Sie den Inhalt am besten blockweise auf:

1. Sammeln Sie die Ergebnisse – zahlenbasiert und beschreibend: Welche Zahlen und welches Bild haben die Messungen ergeben?
2. Erklären Sie Ursache und Wirkung: Wie deuten Sie die Ergebnisse, wie kommen diese Ihrer Meinung nach zustande? Braucht es eventuell weitere Messungen, um Erkenntnislücken zu füllen?
3. Schlussfolgern Sie und treffen Sie Ableitungen: Was bedeuten die Ergebnisse für Ihr Unternehmen? Was tun Sie jetzt damit?

7.5 Denken Sie Erfolgsmessung nachhaltig

Sie haben sich Ziele gesteckt und Ihre Mitarbeitenden gefragt. Diese haben Ihnen geantwortet. Sie haben die Ergebnisse ausgewertet und in einem Reporting zusammengefasst. Und nun?

Bitte seien Sie sich über den nun notwendigerweise folgenden Schritt im Klaren: Sie sollten Mitarbeitende und Führungskräfte unbedingt über die Ergebnisse der Befragungen informieren. Stellen Sie dabei im selben Atemzug dar, welche Veränderungen Sie in den folgenden Wochen und Monaten vornehmen werden. Vor allem: mit welchem Ziel. So fühlt sich Ihre Belegschaft respektvoll ins Bild gesetzt und in den Prozess einbezogen.

Die Ergebnisse Ihrer Befragungen eignen sich dabei ebenso als Status quo oder Ausgangspunkt von Veränderungsmaßnahmen. Sie können sie zudem heranziehen, um geplante Maßnahmen zu konkretisieren. Oder Sie nutzen sie als Anknüpfungspunkt, um neue Ziele zu formulieren.

Stellen Sie von vornherein unbedingt sicher, dass Sie keine Befragung durchführen, auf die nicht auch Umsetzungsmaßnahmen folgen. Andernfalls wäre die Frustration bei Ihren Führungskräften und im Mitarbeitendenkreis zu groß.

Haben Sie sich langfristige Ziele gesetzt? Dann führen Sie die Messungen möglichst regelmäßig durch und kommunizieren Sie die Veränderungen. So dokumentieren Sie für alle den Weg zum Ziel und stellen immer wieder fest, ob und wo Maßnahmen verbessert oder angepasst werden sollten.

7.6 Ein Praxisbeispiel

Die Ausgangssituation

Es gibt eine neue Unternehmensstrategie, die den Mitarbeitenden und Führungskräften bis zum Ende des Jahres vermittelt werden soll. Die Kolleg*innen sollen die Strategie verstehen und im Unternehmensalltag mit Leben füllen. Der Vorstand gibt ein Budget in Höhe von ein paar Tausend Euro für eine Kommunikationskampagne frei und bittet darum, dass das Gesamtprojekt evaluiert wird.

Ihre bestehenden Kommunikationskanäle:

- Intranet (auch mobil verfügbar)
- Kommunikation über die Führungskräfte
- Veranstaltungen (zweimal pro Jahr eine Führungskräftetagung, zweimonatlich eine Townhall)
- Trainings und Workshops für die Führungskräfte

Wie Sie vorgehen können

Gemeinsam mit dem Vorstand klären Sie, was Sie bei diesem Projekt unter messbarem Erfolg verstehen, sprich: wann die Kampagne ihr Ziel für jede und jeden klar erkennbar erreicht hat. Dafür definieren Sie SMARTe Ziele, zu denen unter anderem gehören:

a) Bis Mitte des Jahres haben alle Führungskräfte die Hintergründe des Veränderungsprozesses in Trainings und Workshops erläutert bekommen. Ihnen wurden zudem die relevantesten Informationen zur Weitergabe zur Verfügung gestellt.
b) Bis zum 3. Quartal haben alle Mitarbeitenden relevante Informationen zur neuen Strategie und zum Veränderungsprozess erhalten. Dazu werden mindestens drei Kommunikationswege genutzt.
c) Bis Ende des Jahres kennen mindestens 80 % der Mitarbeitenden die Kernpunkte der neuen Unternehmensstrategie.
d) Mindestens 80 % der Mitarbeitenden verstehen bis Ende des Jahres die Hintergründe des Änderungsprozesses.

Anschließend definieren Sie die einzusetzenden Kanäle und KPI und führen eine Grundlagenmessung durch. Dazu greifen Sie auf Online- oder Printbefragungen zurück, die gegebenenfalls von Einzelinterviews oder Fokusgruppengesprächen ergänzt werden. Dann beginnen Sie, Ihre operative Arbeit zu planen.

Rahmenbedingungen zur Zielerreichung
Ihnen wurde für dieses Projekt ein Kommunikationsbudget freigegeben. Entsprechend ist es hilfreich, die Rahmenbedingungen Ihrer Arbeit zu erfassen:

- Mit welchem personellen Aufwand,
- mit welchen Kanälen (neuen und alten) und
- mit welchem Umfang an Kommunikationsaktivitäten (z. B. Anzahl der Artikel im Intranet, Anzahl Veranstaltungen) wollen Sie die Ziele erreichen?

Die formulierten Rahmenbedingungen helfen Ihnen dabei, die Zielerreichung zu bewerten.

Zeit- und Budgeteinsatz des Teams
Legen Sie gemeinsam mit Ihrem Team einen Zielwert für den Aufwand der Zielerreichung fest, z. B.: Pro Woche soll das IK-Team einen halben Tag/vier Stunden (im Durchschnitt über das Jahr) für die Kommunikation der neuen Strategie oder des Veränderungsprozesses aufwenden.

Gleiches gilt für das Budget, mit dem die Kommunikationsmaßnahmen erarbeitet und umgesetzt werden sollen. Beispiel: Das Budget von XY Euro darf im Mittel nicht überschritten werden.

Zielwerte pro Kanal
Legen Sie konkrete Zielwerte für die einzelnen Kanäle Ihrer Kampagne fest. Sie wollen die Zielerreichung bewerten oder die Kommunikationsaktivitäten anpassen (beispielsweise bezüglich des gewählten Kanals oder der Frequenz)? Dann sollte Ihnen der Umfang

an Kommunikationsaktivitäten bekannt sein. Den können Sie etwa an der Anzahl der Beiträge bemessen. Weitere Messgrößen sind die Zahl der Aktivitäten, Klicks oder auch des rückgemeldeten Feedbacks über Kommentare, Likes und Weiterleitungen.

In Abständen von ca. 6 Monaten evaluieren Sie die KPI, die Sie sich gesetzt haben, führen zwischendurch Puls-Checks und auch immer wieder Einzelinterviews bei Ihren Zielgruppen durch und schauen sich Klickzahlen und Budget- und Zeitressourcen an, um nachjustieren zu können.

Und natürlich erstellen Sie in regelmäßigen Abständen einen Report, den Sie allen zur Verfügung stellen, die an der Kampagne und dem Veränderungsprozess beteiligt sind. Bleiben Sie dabei kurz und knapp. Beschränken Sie sich auf die wichtigsten Kennzahlen und erläutern Sie sie. Ziehen Sie Ihre Schlussfolgerungen.

Wichtig: Bleiben Sie offen für Vorschläge, die an Sie herangetragen werden. Kommunikation kennt kein endgültiges „richtig“ oder „falsch“, sondern eher ein „passend“ oder „nicht passend“. Und was zu den Bedürfnissen der Zielgruppen passt, kann sich sehr schnell und durch kleine Strategieadaptionen ändern. Bleiben Sie deshalb im Fluss des Projektes und offen für Veränderungen.

7.6.1 Exkurs 1: Analyseinstrumente

Online- und Print-Umfragen

Digitale oder gedruckte Befragungen sind ein gutes und schnell einsetzbares Werkzeug, um quantitative Analyseergebnisse einer größeren Anzahl an Personen mit ihren jeweiligen Einstellungen, Meinungen und Interessen zu erhalten. Die Erstellung der Fragebögen und die Umsetzung der Befragungen selbst sollten in enger Abstimmung mit der HR- und IT-Abteilung sowie dem Betriebsrat erfolgen.

Fokusgruppengespräche

Sie möchten tiefer in die Ergebnisse Ihrer Online- oder Print-Umfragen einsteigen oder Ihre Kolleg*innen gezielt zu Themen befragen, die Sie für die strategische Ausplanung Ihrer Internen Kommunikation interessieren? Vielleicht aber möchten Sie auch einen genaueren Einblick in die belegschaftsinternen Wünsche und Ansprüche an die künftige Interne Kommunikation gewinnen? Dann nutzen Sie moderierte Fokusgruppengespräche als flexibel einsetzbares Analysetool.

An den Gesprächen nehmen jeweils fünf bis fünfzehn Teilnehmende aus unterschiedlichen Unternehmensbereichen und Hierarchiestufen teil. Schauen Sie, dass Sie sowohl positiv eingestellte wie auch kritische Kolleg*innen in die Teams holen. Entscheiden Sie gemeinsam mit Ihrem Personalbereich und dem Betriebsrat, ob Sie auf die potenziellen Teilnehmenden zugehen oder nach Freiwilligen Ausschau halten.

Geben Sie die Moderation dieser Gespräche in überparteiliche Hände und bleiben Sie selbst am besten außen vor, wenn Sie an möglichst offenen und ehrlichen Feedbacks interessiert sind.

Strukturierte Einzelinterviews
Um mit einzelnen Zielgruppen oder einer Auswahl an Personen bestimmter Zielgruppen in einen intensiveren Austausch zur Qualität Ihrer Internen Kommunikation zu kommen, bieten sich Einzelinterviews an. Planen Sie für diese Befragungen anhand eines vorbereiteten Fragebogens ca. eine Stunde ein und denken Sie daran, bei der Auswahl der interviewten Personen einen guten Querschnitt an Kolleg*innen zu befragen.

7.6.2 Exkurs 2: Interne Stakeholder-Analyse

Damit Sie erkennen, welche Interessengruppen und -personen für den Erfolg Ihrer Internen Kommunikation ausschlaggebend sind und wie Sie bestmöglich mit den Kolleg*innen zusammenarbeiten können, ist die Durchführung einer Stakeholder-Analyse ein anzuratender Zwischenschritt.

So erfahren Sie, in welcher Form bestimmte Interessenpersonen agieren, und erkennen, welche Maßnahmen bei einer Neuaufstellung der IK speziell diese Kolleg*innen stärken, neutralisieren oder positiv(er) einstimmen können.

Missverstehen Sie das Analyseziel bitte nicht: Sie müssen den Stakeholdern keineswegs alles recht machen. Aber Sie sollten sich der Interessen und Werte einflussreicher Einzelner oder Gruppen bewusst sein und sie bei Ihren eigenen Planungen einbeziehen.

8

Führungskräfte(kommunikation): Schlüssel zu erfolgreicher IK

Ein Beispiel aus der Praxis

Seit einem Jahr ist Jürgen M. Geschäftsführer eines international tätigen, wirtschaftlich angeschlagenen Unternehmens der Touristikbranche. Bereits kurz nach seinem Antritt hatte er einiges an Zeit in die Entwicklung einer neuen, umfassenden Zukunftsstrategie investiert.

Um das Unternehmen wieder wettbewerbsfähig zu machen, hatte er sich drei Ziele gesetzt: die Veränderungs- und Innovationsgeschwindigkeit erhöhen, die bereichsübergreifende Zusammenarbeit optimieren, die Erstlösungsquote im Kundenservice verbessern.

Auch ein Beratungsunternehmen hatte Jürgen M. engagiert, um gemeinsam die notwendigen Schritte für alle drei Themenfelder auszuarbeiten. Kurz darauf war im Unternehmen mit der Umsetzung begonnen worden. Und auf dem Papier las sich alles sehr durchdacht, umsetzbar und folgerichtig.

Jetzt aber, nach einem Jahr, klafft eine gewaltige Lücke zwischen Theorie und Praxis. Starke Widerstände hatten sich im Unternehmen aufgebaut. Puls-Befragungen brachten eine Schere ans Licht: Auf der einen Seite verschlechterte sich die Stimmung durch die zusätzlichen Veränderungen. Auf der anderen Seite fühlten sich die Mitarbeitenden viel zu wenig darüber informiert, welche Ziele dieser Prozess verfolgte und welche Meilensteine es gab.

A. Montua, *Führungsaufgabe Interne Kommunikation*,
https://doi.org/10.1007/978-3-658-41715-4_8

Ganz offensichtlich war es den vier Führungsebenen bislang nicht gelungen, die Strategie so zu vermitteln, dass alle an einem Strang zogen und sich echte Veränderungen im Denken und Handeln einstellten.

Jürgen M. war fassungslos: Wenn nicht für die erfolgreiche Vermittlung von Strategien – wofür wurden die mehr als 200 Führungskräfte des Unternehmens denn dann bezahlt? So schwer konnte es doch nicht sein, die erarbeiteten Ziele mit Leben zu füllen. Oder müsste er vielleicht sogar ganze Führungsebenen austauschen, um den „Wind der Veränderung" im Unternehmen wehen zu lassen und zu verdeutlichen, dass es ihm ernst war mit der Umsetzung der neuen Strategie?

*In den folgenden Monaten wandte sich M. zunächst der Direktoren-Ebene zu. Er versuchte, dort sowohl die Deutlichkeit als auch den Druck zu erhöhen. Denn diese Kolleg*innen saßen seiner Ansicht nach am längsten Hebel. Ihre Aufgabe war es, den Veränderungsprozess in den Alltag zu integrieren.*

Aber auch diesem Schritt blieb der Erfolg verwehrt. Denn was in den Wochen danach bei seinem direkten Führungsteam wuchs, war die Angst um den eigenen Arbeitsplatz. Folge: Statt dem dringend benötigten Neuen den Weg zu ebnen, wurden die alten, vermeintlich rettenden Aktivitäten sogar noch ausgebaut: Die Anzahl an Kennzahlen-Reportings wuchs, Kontrollmechanismen verschärften sich und Kommunikationsinstrumente wie Intranet und App quollen über vor Beiträgen und Kommentaren des Führungsteams.

*An der Basis, am Kern aber änderte sich weiterhin wenig. Es schien, als würden alle Appelle, die Aktivitäten zu unterstützen, ungehört verhallen – irgendwo zwischen der zweiten Führungsebene und den Sachbearbeiter*innen.*

Wie sollte er denn bloß die Situation beeinflussen, um sein Führungsteam und die Mitarbeitenden zu echter Veränderung zu bewegen?

Sie können die modernsten internen Medien zur Verfügung haben, ein State-of-the-Art-Social-Intranet, den am besten aufgestellten Newsroom und das üppigste Budget: Das alles hilft Verbesserung von Kultur und Kommunikation keinen Schritt weiter, wenn Ihre Führungskräfte die Strategie nicht in der täglichen Arbeit mit Leben füllen und stattdessen die Bedürfnisse der (eigenen) Mitarbeitenden ungehört verhallen lassen.

Führungskräfte sind Ihre wichtigsten Partner*innen und größter Erfolgsfaktor bei der Vermittlung von Veränderungen und der Motivation von Mitarbeitenden. Neue Arten der Zusammenarbeit, flachere Hierarchien und der Wunsch nach Führungskräften, die eher Coach*in und Berater*in als hierarchisch agierende Anweiser*innen sind, verändern das Thema Führung von Grund auf. Zu den zentralen Führungsaufgaben zählen deshalb heute:

- Mitarbeitende motivieren, informieren und ihnen Orientierung geben
- mit ihnen gemeinsam nach Wegen und Lösungsmöglichkeiten bei der Aufgabenbewältigung suchen
- Fragen zu neuen Projekten und Entwicklungen beantworten
- Selbstverantwortung und Engagement fördern
- Widerstände erkennen und gemeinsam mit den Mitarbeitenden auflösen
- Unsicherheiten thematisieren und lösen

8.1 Im Alltag immer am Mikrofon

Egal ob morgens im Lift, in der Kantine, bei der gemeinsamen Fahrt zu Kund*innen, in der Kaffeeküche – Mitarbeitende hören den Aussagen ihrer Vorgesetzten, allen voran der Geschäftsführung, genau zu. Und mehr noch: Sie hören den (Unter-)Ton und erkennen, welche Emotionen damit einhergehen. Führungskräfte sollten sich deshalb bewusst darüber sein, dass jede Aussage, egal wann und vor welchem Publikum, eine offizielle „Rede“ ist und auch als solche wahrgenommen wird.

Im Change kommt hinzu, dass die CEO-Ansprache ein „Proof of Concept“ ist. Sie zeigt, ob und inwieweit der CEO die Veränderung unterstützt, vorantreibt und vorlebt. Gerade in unsicheren Phasen wird jedes Wort „von oben“ genau beachtet. Dem CEO und Führungskräften im Allgemeinen werden richtigerweise Wissensvorsprünge unterstellt und erwartet, dass ihre Informationen die final gültigen sind. Deshalb müssen sie aktiv einen Perspektivwechsel vollziehen, um die Mitarbeitenden dort wahrnehmen zu können, wo sie stehen, und ihre Ängste und Befürchtungen erkennen.

Worte mit Gewicht – und Persönlichkeit

Vertrauen und Verbundenheit entstehen bei den Mitarbeitenden nicht, wenn Reden und Texte der Geschäftsleitung so lange geschliffen und gefeilt werden, bis sie keinerlei Anknüpfungspunkte und Reibungsfläche mehr bieten. Im Ergebnis werden diese mehr verunsichern als bestärken und begeistern. Redner oder Rednerin verschaffen sich so eine vermeintliche Sicherheit, die bei dem Gegenüber aber womöglich Verunsicherung auslöst.

CEO-Kommunikation ist eine Summe an bewusst platzierten und gut überlegten Äußerungen, die von Empfangenden zu einem Gesamtbild zusammengefügt werden können. Vermeiden Sie glatt geschliffene Aussagen, unverständlich oder inhaltsleer, grammatikalisch verschachtelt und überlang und schlimmstenfalls wenig ambitioniert vorgetragen. Je engagierter die Mitarbeitenden, desto dringlicher ist ihr Wunsch nach Wahrheit und Klarheit. Wer diesem Wunsch nicht nachkommt, wird im Change ohne die nötige Rückendeckung an der Spitze stehen.

8.2 Die Herausforderungen der Führungskräfte

Führungsstärke bedeutet gleichzeitig immer auch Kommunikationsstärke. In einer Art Sandwich-Position sitzen Führungskräfte zwischen den Stühlen von „Selbstbetroffenheit" und „Führungsverantwortung". Sie müssen den eigenen „Werkzeugkoffer" im Alltag immer wieder infrage stellen und erweitern. Sie müssen ihr Verhalten anpassen und nach Wegen suchen, Mitarbeitende adäquat einzubinden, aus Komfortzonen zu holen, und um ihr Vertrauen werben.

Sie sind sich unsicher, ob Sie Handlungsbedarf haben? Fragen Sie sich, ob

- … Ihre Geschäftsführung selten ehrliches Feedback von ihrem Führungsteam oder Mitarbeitenden erhält – schlimmstenfalls gar keins. Sogar auf ausdrückliches Nachfragen ist der Großteil der Aussagen eher unverbindlich und allgemein.

- … aus Unsicherheit entstandene Nachfragen das Top-Management erreichen, statt bereits auf den unteren Führungsebenen aufgegriffen und geklärt zu werden.
- … Sie spüren, dass Ihr Führungsteam „mehr vom Alten" macht, statt neue Ideen und Methoden einzubringen.
- … auf der Ebene der Abteilungs- und Teamleiter*innen echte Verbundenheit mit dem Unternehmen spürbar ist. Oder schlimmer noch: ob vielleicht diese Führungsebenen eine eher kritische Haltung dem Unternehmen und den aktuellen (Veränderungs-)Projekten gegenüber an den Tag legen.
- … es Führungskräften ganz oder teilweise an Autorität und Vorbildfunktion fehlt.
- … Flurfunk und Gerüchte zunehmen; die Unsicherheit bei Führungskräften und Belegschaft wächst.
- … trotz eingeleiteter Veränderungsprozesse alles beim Alten bleibt. Dabei ist die Strategie klar und müsste „nur" kommuniziert und mit Leben gefüllt werden.

Führungskräfte haben eine beträchtliche Anzahl an Herausforderungen zu bewältigen. Von extern erreichen sie Themen wie New Work, hybrides Arbeiten, der Fachkräftemangel, die Digitalisierung und geopolitische Konflikte mit ihren vielfältigen Auswirkungen auf Rohstoffe, Lieferketten und Energie. Und dies sind nur die Einflussfaktoren von außen.

Innerhalb der Organisation werden Strukturen und Prozesse auf den Prüfstand gestellt. Die Form der Zusammenarbeit verändert sich und schüttelt die Teams durch. Man arbeitet zu unterschiedlichen Zeiten und an unterschiedlichen Orten, mit neuen Tools und digitalen Arbeitsplätzen.

All dies hat auch Auswirkungen auf die Mitarbeitenden als Menschen. Berufliches und Privates mischt sich, vielleicht nicht immer auf positive Art und Weise. Die Digitalisierung steigt sprunghaft an, was den einen oder anderen frustrieren kann. Trotz massenhaft verfügbarer Tools fühlen Mitarbeitende sich dennoch nicht immer gut informiert.

All diese Umstände müssen von der Führung berücksichtigt werden. Sind sie bereit, sich der Herausforderung „Kommunikation" zu stellen, und werden sie vom Unternehmen in ihrer Rolle zugleich unterstützt, können Teams sich positiv entwickeln. Und damit das gesamte Unternehmen.

8.3 Vertrauen, Kommunikationsfähigkeit und Empathie – die Top-Skills der Führungskräfte

Aus zahlreichen Studien ist bekannt, dass sich die Erwartungen an Führungskräfte verschoben haben. So wird deren empathisches und authentisches Verhalten heute als elementar für die Zufriedenheit der Belegschaft angesehen. Nach wie vor gilt, was Führungsguru Reinhard K. Sprenger formulierte: „Menschen kommen zu Unternehmen und verlassen Vorgesetzte." (Thunig 2018).

Deshalb werden Führungskräfte daran gemessen, ob sie einzelne Mitarbeitende individuell behandeln und fördern, ob sie sich für sie interessieren und ihre spezifischen Lern- und Entwicklungsprozesse unterstützen. Kurz: ob sie die Kollegin und den Kollegen dort abholen, wo sie oder er gerade inhaltlich und zwischenmenschlich „steht". Und ob sie das geben, was dieser hochgradig individuell veranlagte, mitarbeitende Mensch für seine persönliche Entwicklung braucht.

Zu den Top-Skills der Führungskräfte zählt das Fraunhofer-Institut für Arbeitswirtschaft und Organisation (IAO) drei Eigenschaften: Vertrauen, Kommunikationsfähigkeit und Empathie.[1]

Das Mittel der Wahl ist dabei im Alltag vor allem die persönliche Kommunikation. Denn nur in der direkten Begegnung, im offenen und ehrlichen Dialog kann eine Führungskraft all das von ihr Erwartete leisten. Dabei muss ausbalanciert werden, wie man es schafft, über

[1] *Arbeiten in der Corona Pandemie 06/21,* https://www.dgfp.de/fileadmin/user_upload/DGFP_e.V/Medien/Publikationen/2021/2021_06_28_Fuehrung_im_Neuen_Normal_IAO_DGFP.pdf

empathische Führung individuelle Behandlung und Effizienz gut zu vereinbaren.

Eine der größten Herausforderungen für Führungskräfte: Sie müssen erkennen, was jede*r Mitarbeitende benötigt, damit diese*r sich gut informiert fühlt, den Weg aus der Komfortzone gern gemeinsam geht und dem Gang der Dinge im Unternehmen optimistisch und motiviert folgt. Dies verlangt nach empathischer Führung.

Menschen zu engagierten und mutigen Mitarbeitenden zu entwickeln, die Veränderungsprozesse eigeninitiativ voranzutreiben – das ist das Idealbild. Angesichts dieser hehren Vision ist die lapidare IK-Nachricht „Unser Artikel zum letzten Team-Event ist online" heute wahrlich alles andere als eine Erfolgsmeldung. „Unser Team versteht die Notwendigkeit der aktuellen Veränderungen und trägt gern dazu bei, unser Unternehmen wieder in die Erfolgsspur zu bringen" hingegen umso mehr.

Wie aber schafft man die Grundlage für solche Erfolgsmeldungen? Indem Interne Kommunikation nicht als „notwendiges Übel", sondern als Erfolgsbasis aller Projekte und Veränderungsschritte im Unternehmen betrachtet wird.

Konkret heißt das: Interne Kommunikation muss strikt zielgruppengerecht vorgehen und es verstehen, „in den Schuhen des anderen, der Zielgruppen, zu laufen".

Wichtig ist ohne jeden Zweifel, grundlegende Kommunikationsprinzipien und -modelle zu kennen und über menschliche Grundbedürfnisse Bescheid zu wissen. Mindestens ebenso bedeutsam jedoch sind das Wissen und Verständnis um die unterschiedlichen „Welten", in denen jeder Kollege oder jede Kollegin sich bewegt, und das Einbeziehen dieses Wissens in den eigenen Führungsalltag (Abb. 8.1).

Wir alle tragen grundlegende Werte in uns. Sie geben uns Halt und fungieren als Leitplanken in Lebenssituationen, die uns wichtig sind. Ebenso prägen uns Erfahrungen sowie jene Glaubenssätze, die wir über die Jahre angenommen haben. Das alles in Kombination mit unserem aktuellen (mentalen) Zustand lässt uns in jedem Moment unterschiedlich auf Situationen und Kolleg*innen reagieren.

Für den Alltag heißt das: „Gesagt" ist selten gleichzusetzen mit „verstanden". Jeder Mitarbeitende hört und versteht unterschiedliche Dinge, wenn wir mit ihm kommunizieren.

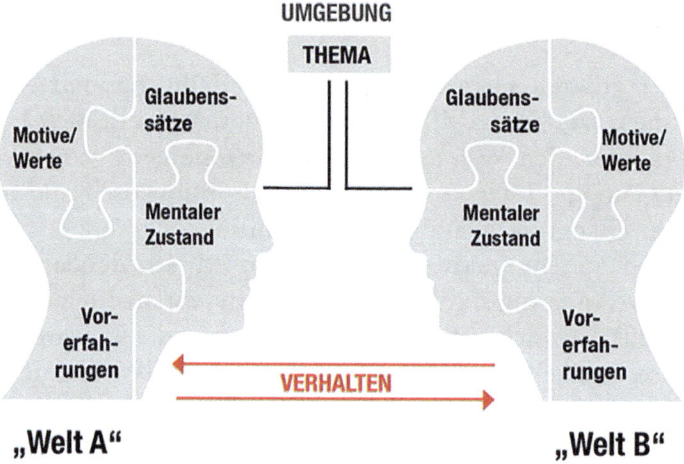

Abb. 8.1 Weltenmodell. (Quelle: Eigene Darstellung)

Das kann sogar so weit gehen, dass bestimmte Begriffe von unterschiedlichen Menschen sehr unterschiedlich ausgelegt werden und zu individuellen, teilweise schwer planbaren Reaktionen führen. Gerade bei weichen Formulierungen wie „mehr Kund*innennähe entwickeln“, „Engagement zeigen“ oder „zeitnah erledigen“ wird unterschiedlich interpretiert.

Verschärfend kommt an vielen Stellen hinzu, dass Internationalisierung und Globalisierung eine kulturelle Sozialisation vieler Mitarbeitender in den Unternehmen mit sich bringen. Wollen wir Kolleg*innen erreichen und im besten Falle motivieren, gilt es, sprachliche Herausforderungen ebenso im Blick zu haben wie kulturelle Unterschiede.

Daher gilt: Ungeeignet in der Internen Kommunikation ist das Gießkannen-Prinzip – also eine Information flächendeckend und stereotyp an alle Kolleg*innen zu verteilen und zu erwarten, jede*r würde sie anschließend kennen, verstehen und wie gewünscht agieren.

Machen wir uns bewusst, dass ein solches Vorgehen unsere Individualität missachtet und nicht dafür sorgen kann, dass Mitarbeitende und Führungskräfte sich gut informiert und abgeholt fühlen.

Im Gegenteil: Wird an den Bedürfnissen vorbeikommuniziert, verschließen wir Menschen uns den Botschaften und Appellen – seien diese Nachrichten objektiv auch noch so wertvoll für uns.

Wir sollten deshalb regelmäßig in die „Schuhe der anderen" schlüpfen, um ein Gefühl für ihre Zielgruppen zu entwickeln und sie somit zu erreichen.

Unserer Erfahrung nach gibt es in jedem Unternehmen mindestens vier Paar dieser „Schuhe", die Sie anprobieren sollten, wenn Sie auf dem Terrain der Mitarbeitenden wirklich Tritt fassen wollen: die „Förderer", „Unterstützer", „Skeptiker" und „Gegner" (Hinsen 2009).

Mitarbeitende sind grundsätzlich in ein oder zwei der Gruppierungen unterwegs und können sich situativ in unterschiedlichen Gruppen bewegen. Sie werden das von sich kennen: In dem einen neuen Veränderungsprojekt fühlen Sie sich mit Ihren Stärken gut aufgehoben und halten die Entscheidungen, die die Unternehmensführung trifft, für sinn- und wertvoll und unterstützen gern bei der Umsetzung. Und in einem anderen Projekt sind Sie eher kritisch unterwegs und hinterfragen nahezu jede Entscheidung, die getroffen wird.

Für Kommunikator*innen und Führungskräfte gilt es, die unterschiedlichen Gruppen zu kennen und dieses Wissen bei der Führungsarbeit einzusetzen (Abb. 8.2).

Abb. 8.2 Wie Menschen auf Neuerungen reagieren. (Quelle: Eigene Darstellung)

8.4 Kommunikationsbedürfnisse der Mitarbeitenden

Die Förderer
Sie machen grundsätzlich nur wenige Prozent der Mitarbeitenden und Führungskräfte eines Unternehmens aus, kommunizieren proaktiv, sind engagiert, offen für Innovationen und schnell für neue Projekte, Formate und Tools zu begeistern. Gern teilen sie gemachte Erfahrungen und kommunizieren in ihrem Umfeld darüber.

Nutzen Sie diese Kolleg*innen als Pilot-User. Testen Sie an ihnen, welches Feedback Sie auf neue Themen und Projekte bekommen werden, und versorgen Sie die Gruppe stets mit aktuellen Informationen rund um die Entwicklungen.

Wichtig für Sie als Führungskraft oder Kommunikator*in ist zu wissen: Förderer oder Förderinnen finden sich oft in Positionen, die mit Kommunikation, Personalarbeit oder zumindest Menschenführung betraut sind. Mit großer Wahrscheinlichkeit zählen Sie also selbst zum Kreis der Förderer und Förderinnen. Wundern Sie sich deshalb bitte nicht, wenn die anderen Kolleg*innen Sie scheinbar nicht verstehen oder kommunikative Maßnahmen, die Sie aus Ihrer Rolle heraus entwickelt haben, die Menschen im Unternehmen nicht oder nur unzureichend erreichen. Sie haben dann einfach noch kein Gespür für die „störenden Steine im Schuh der Anderen". Dann gilt es erst recht, in das Schuhwerk der Kolleg*innen zu steigen und für sie entsprechende Maßnahmen zu planen.

Die Unterstützer
Unterstützer*innen machen etwa 30 bis 60 % der Mitarbeitenden und Führungskräfte Ihres Unternehmens aus, je nachdem, in welcher Branche Sie aktiv sind und wie die Kultur Ihres Unternehmens ist.

Unterstützer*innen kommunizieren leiser als Förderer oder Förderinnen. Sie benötigen etwas mehr Zeit, um sich an Neuerungen oder veränderte Situationen zu gewöhnen – lassen sich aber durch eine kontinuierliche, offene und transparente Kommunikation überzeugen. Hilfreiche Materialien, Präsentationen oder auch Q&A-Dokumente

greifen den Unterstützer*innen unter die Arme, wenn es darum geht, Themen besser zu verstehen und voranzutreiben.

Die Skeptiker

Kennen Sie Sätze wie: „Das haben wir schon x-mal versucht, und es hat nie funktioniert“? „Warum denn bitte genau jetzt dieser Schritt, das muss doch nun wirklich nicht sein.“ Oder haben Sie das schon mal gehört: „Wer sagt uns, dass das zu uns passt und nicht einfach nur kostbares Budget verbraucht?“ Mit Sätzen dieser Art melden sich Skeptiker*innen zu Wort.

Stecken Sie diese Menschen nicht in die falsche Schublade. Die Skeptiker*innen, die etwa 30 bis 60 % Ihres Unternehmens ausmachen, sind nämlich wertvolle Partner*innen, wenn es um die kritischen Seiten eines Projektes geht. Nutzen Sie diese Gruppe bei der Planung und beziehen Sie sie frühzeitig ein. Denn sie lassen sich durchaus überzeugen und als unterstützende Kolleg*innen für Entwicklungen in Veränderungsprozessen gewinnen.

Für diese Wandlung braucht es allerdings Zahlen, Daten, Fakten und fortwährende Kommunikation über Hintergründe und Entwicklungen des Projektes, ergänzt um Best-Practice-Beispiele anderer Unternehmen. Und: Werden Sie nicht müde, den Sinn der Maßnahmen immer und immer wieder zu erklären.

Die Gegner

Die Gruppe der Gegner*innen, die wiederum auch nur einige wenige Prozent Ihrer Belegschaft ausmacht, wird Ihnen sehr lautstark und unverblümt begegnen. Kaum ein neues Thema, zu dem sie sich nicht äußern – und das meist sehr kritisch und ohne die positiven Seiten eines Projektes oder einer Neuerung überhaupt in Augenschein zu nehmen.

Hören Sie nicht zu sehr auf das Dauerlamento dieser Quertreibenden, und stecken Sie nicht übermäßig Energie in das Unterfangen, sie umstimmen zu wollen. Gegner*innen sind eine Minderheit, die erst von einer Neuerung überzeugt sein wird, wenn die überwältigende Mehrheit der Mitarbeitenden die Themen längst für gut und richtig befunden hat.

Was heißen diese Erkenntnisse nun für das Thema Führung in Ihrem Unternehmen?

Schaffen Sie Verständnis bei Ihren Führungskräften für die unterschiedlichen Welten und Gruppierungen, die es in den Reihen Ihrer Mitarbeitenden gibt. Und geben Sie dem Führungsteam mit auf den Weg, dass die Unterstützer*innen und Skeptiker*innen bei gleicher Inhaltsvermittlung mit unterschiedlichen Formaten angesprochen werden sollten. Das Gießkannenprinzip kann und wird im Rahmen einer motivierenden Internen Kommunikation nicht funktionieren.

8.5 Graves-Levels: Die Ebenen der Organisationsentwicklung

Sie möchten möglichst alle Gruppen informieren und zielgruppengerecht in neue Projekte und Veränderungsprozesse einbinden? Dann schaffen Sie das am besten mit einem intelligenten Inhalts- und Formate-Mix.

Oberstes Gebot dabei: Seien Sie sich bei jeder Kommunikation mit Ihrem Führungsteam auch derer Unterschiedlichkeit bewusst. Und nicht nur das. Auch die verschiedenen Entwicklungsstufen, auf denen wir uns befinden, liefern Erklärungen für kommunikative Schwierigkeiten innerhalb der Organisationsbereiche und Teams. Deshalb lassen Sie uns einen kleinen Ausflug in die „Theorie der menschlichen Existenzebenen" machen:

In den 1960er-Jahren begann der Psychologieprofessor Claire W. Graves, sich mit dem Thema zu beschäftigen. Ursprünglich war es sein Ziel, die Frage zu beantworten, was einen „psychisch gesunden" Menschen ausmacht.

Über viele Jahre arbeitete er mit seinen Studierenden daran und entwickelte die Hypothese, es gäbe sie nicht, die eine Gesundheit, sondern stattdessen auf verschiedenen menschlichen Entwicklungsstufen unterschiedliche Sichtweisen auf das, was als gesund gelten könnte. Tatsächlich konnte Graves im Laufe seiner Forschungen den Nachweis erbringen, dass sich begegnende oder interagierende Menschen,

Organisationen und Gesellschaften unterschiedliche Entwicklungsstufen durchlaufen, auf denen sie unterschiedliche Themen beschäftigen und bewegen (www.graves-systeme.de).

Während seiner Forschungen kristallisierten sich für Graves acht aufeinander aufbauende Wertesysteme heraus. Jedes System stellt für sich eine eigene Welt dar, Menschen, die sich darin bewegen, zeigen spezifische Vorlieben, beschäftigen sich mit bestimmten Themenfeldern, zeigen typische Konflikte, die sie wiederum auf eine spezielle Art zu lösen versuchen. Die Fragen „Was macht für mich Erfolg aus?", „Wie wichtig ist mir Familie und was meint der Begriff überhaupt?", „Wie gehe ich mit Macht um?", „Was meint Glück für mich?" und „Was und wie lerne ich von wem?" werden in jedem der acht Systeme sehr unterschiedlich beantwortet.

Graves entwickelte im Rahmen seiner Forschungen den Standpunkt, dass unser Wunsch, irgendwann glückselig in einer Gemeinschaft zu leben, in der alle friedvoll und in Eintracht leben, eine Utopie bleiben wird. Stattdessen sei es unser aller unterbewusster Wunsch, uns weiterzuentwickeln und die jeweils nächste Stufe zu erreichen. Aus diesem Grundgedanken entsteht das Bild eines Menschen, der in einer Grundspannung lebt und diese auf jeder der Ebenen versucht zu lösen, indem er sich mit dem Sinn seines Daseins, seinen Stärken und Herausforderungen auseinandersetzt.

Die Graves-Levels im Unternehmenskontext

Lassen Sie uns dieses Modell gedanklich in den Kommunikationsalltag einbinden (Abb. 8.3): Wichtig sollte es im ersten Schritt sein, immer im Blick zu behalten, auf welcher Entwicklungsstufe wir uns selbst befinden. Denn nur dann können wir verstehen, welche Themen für uns gerade von Bedeutung sind und warum.

Ein Gespür dafür zu entwickeln, dass anderen Menschen andere Dinge wichtiger sein können als uns, kann uns in allen Kommunikationsprozessen von großem Nutzen sein.

Um diese Themen wissend, sollten wir Andersartigkeit nicht be- und abwerten, sondern sie kommunikativ aufgreifen und unser Wissen im Alltag einsetzen.

Abb. 8.3 Ebenen der Organisationsentwicklung. (Quelle: Eigene Darstellung in Anlehnung an Clare Graves: „Graves Modell")

Allein diese Betrachtung zeigt, wie herausfordernd Interne Kommunikationsaufgaben in aller Regel sind und welch hohes Maß an Professionalität dabei zum Zuge kommen sollte. Angesichts dieser hohen Hürden wird so mancher sagen: „Interne Kommunikation steuern? Alles gut und schön, aber Kommunikation ist einfach nur begrenzt erlernbar."

Doch an dieser Stelle möchte ich Sie einladen: Denken Sie in Möglichkeiten – nicht in Stolpersteinen!

Die IK- und HR-Abteilungen können die Führungskräfte ganz hervorragend dabei unterstützen, ihre kommunikative Rolle zu finden und auszufüllen. Grundvoraussetzung dafür ist im ersten Schritt, dass sie und auch die Geschäftsführung die zentrale Bedeutung der Führungskräftekommunikation anerkennen. Und dass sie ihnen wirklich Unterstützung zukommen lassen möchten.

Dabei gibt es zahlreiche Methoden und Ansätze, wie beispielsweise:

- Trainings zu Führungs- und Kommunikationsthemen
- Sparrings und Coachings zur Selbstreflexion und Persönlichkeitsentwicklung
- das Angebot zur Erstellung von Persönlichkeitsprofilen wie das Reiss- bzw. Luxx-Profil
- Mentoringprogramme
- Gemeinsame Reflexion und Weiterentwicklung der Unternehmenswerte im Kreise des Führungsteams
- Die Einführung von 360-Grad-Feedbacks

Und natürlich ist es von enormer Bedeutung, Führungskräften das passende Instrumentarium der auf sie zugeschnittenen Formate zur Verfügung zu stellen. Talk-Sheets, Frage-Antwort-Dokumente oder Präsentationen als Argumentationshilfen und roter Faden im Rahmen von Veränderungsprozessen an Führungskräfte zu verteilen ist beispielsweise ein guter erster unterstützender Schritt. Aber auch Sprachregelungen, Info-Routinen, spezielle Führungskräftemedien und -kanäle und die Förderung von Austausch untereinander helfen Ihren Führungskräften dabei, den kommunikativen Erwartungen gerecht zu werden.

Übrigens: Wer das Thema „Führungskräfte befähigen und aktivieren“ aus Unsicherheit oder Budgetgründen aussitzt, riskiert, dass Quiet Quitting, also Dienst nach Vorschrift, Flurfunk und Gerüchte um sich greifen. Ein solches Vorgehen schwächt die emotionale Bindung der Mitarbeitenden an das Unternehmen. Die Folgen reichen von Fluktuation und hohen Fehlzeiten bis hin zur inneren Kündigung. Die volkswirtschaftlichen Kosten aufgrund von innerer Kündigung beliefen sich im Jahr 2021 auf eine Summe zwischen 92,9 und 115,1 Mrd. Euro (Gallup Engagement Index 2021).

Sicher ist: Ein Unternehmen kann noch so viel Zeit sowie technische oder finanzielle Ressourcen in die Interne Kommunikation investieren – wenn es aber versäumt, seine Führungskräfte kommunikativ fit zu machen, bleiben die Investitionen nahezu wirkungslos.

Tools für die Interne Kommunikation gelten als Werkzeuge. Jedes Werkzeug ist dabei natürlich nur so gut wie die Hand, die es führt.

Gerade in Veränderungsprozessen oder Krisen zeigt sich, welch enormen Mehrwert eine vertrauensvolle und authentische Führungs- und Teamkultur bringt. Diesen Punkt auf der Rettungsagenda erst im Ernstfall anzugehen, kostet im besten Fall wertvolle Zeit – und kommt im schlimmsten Fall zu spät.

8.6 Tipps & Tools der Führungskräftekommunikation

Grundlage einer erfolgreichen Führungskräftekommunikation ist eine für alle nachvollzieh- und lebbare Unternehmensvision und -strategie. Nur auf deren Boden kann Ihr Führungsteam nachvollziehbar und nachhaltig die eigenen Mitarbeitenden führen und sie mit den passenden Informationen und Impulsen zur richtigen Zeit versorgen. Dass der Vorstand und das Führungsteam dabei mit einer Stimme sprechen und die Ziele gemeinsam entwickeln sollten, versteht sich von selbst.

Unsere Tipps

- Das Team als Kund*innen ansehen

Analysieren Sie Ihre Mitarbeitenden wie Ihre Kund*innen – sie sind mindestens ebenso wichtig. Fragen Sie sie nach ihren Wünschen und berücksichtigen Sie diese. Schauen Sie, auf welchen Kanälen sie welche Infos erhalten möchten.

Passende Tools: Umfragen, Sounding Boards, Lunch-Breaks ...

- Keine Angst vor Empathie

In schwierigen Zeiten sind Emotionen immer ein Teil der Zusammenarbeit. Besonders online sind diese schwieriger zu erkennen. Sehen Sie deshalb genau hin. Je besser Ihre Mitarbeitenden sich verstanden fühlen, desto besser geht es ihnen am Arbeitsplatz, desto weniger Fluktuation ist zu befürchten.

Passende Tools: Persönliche Gespräche, persönliche Formulierungen ...

- Authentisch und nahbar sein

Noch vor der Kommunikationsfähigkeit wünschen sich die Mitarbeitenden, Vertrauen in ihre Führungskraft haben zu können. Ohne einen authentischen und nahbaren Führungsstil wird dies nicht gelingen.

Passende Tools: Kurze Teilnahme an Team-Meetings, persönliche Einblicke in den Umgang mit Krise gewähren, mal in die Kantine gehen ...

- Die Kommunikationshoheit wahren

Besonders in der Krise ist die Sichtbarkeit und die verlässliche und verbindliche Kommunikation ein MUSS. Ohne sie (und Sie als Kommunikator*in/Führungskraft und HR!) fehlen Orientierung und Sicherheit. Vertrauen geht verloren, das nur schwer wiederhergestellt werden kann.

Passende Tools: Erläuterungen der aktuellen Zusammenhänge via Podcast oder Video (keine Mail), Life A&Q im Townhall.

Sinnvoll ist es ebenfalls, die Kommunikation der Führungskräfte untereinander zu fördern. Mehr Solidarität, Schulterschluss und vor allem gemeinsames Lernen und der konstruktive Austausch zu eigenen Herausforderungen hilft Ihrer Führungskräfte-Riege, ein Führungskräfte-Team zu werden. Möglich sind:

- Führungskräfteforen
- Netzwerktreffen
- Online-Führungscommunity
- Vorstandslunches oder -frühstücke
- Businesslunches
- Kamingespräche
- Führungskräfte-Pilot-User und -Testimonials
- Managementevents
- Roadshows
- Workshops, Trainings, Coaching, kollegiale Beratung
- Vorstandsbriefe oder -mails
- FK-Newsletter/-Magazine
- Townhalls
- Führungskräfte-Calls oder -Videokonferenzen

- Führungskräfte-Apps
- Q&As
- Basis- und Veränderungspräsentationen
- Change-Storys

Achten Sie bei der Wahl der passenden Formate darauf, auch diese auf die Bedürfnisse der Zielgruppen (Ihre verschiedenen Führungsebenen) abzustimmen. Und beziehen Sie auch die Kolleg*innen selbst bei der Wahl mit ein.

8.7 Ein 8-Schritte-Plan auf dem Weg zur passenden Führungskräftekommunikation

Sie möchten die Führungskräfte besser auf ihre kommunikative Rolle vorbereiten und dabei unterstützen, Mitarbeitende adäquat einzubinden? Ich empfehle diesen 8-Schritte-Plan dafür:

1. Auch für Ihre Kommunikation mit Führungskräften gilt: Strategisches Vorgehen ist das A und O. Erfassen Sie den Status quo, setzen Sie sich Ziele, und erstellen Sie auf Basis der gefundenen Schwachstellen eine Strategie. Ihre künftige Führungskräftekommunikation sollte den Adressat*innen den Stellenwert ihrer eigenen Rolle verdeutlichen und sie zu Beteiligten des Erfolges machen.
2. Benennen Sie Erwartungen exakt: Erst wenn Ihre Führungskräfte wissen, was von ihnen erwartet wird, können sie ihre Rolle auch optimal ausfüllen. Vermitteln Sie Ihren Führungskräften deshalb klar und deutlich (und zwar aus Zielgruppensicht!), was Sie von ihnen in puncto Kommunikation, Führung und Veränderungswillen erwarten und wie Sie sie darin unterstützen werden.
3. Kommunikationsstärke ist keine Selbstverständlichkeit: Unterstützen Sie deshalb Ihre Führungskräfte mit passenden Maßnahmen. Bieten Sie ihnen Persönlichkeitsprofile, Coachings oder Kommunikationsworkshops an. Machen Sie aber ebenso klar, dass das Streben nach optimaler Kommunikation keinesfalls eine Vereinbarung auf

freiwilliger Basis ist: Sie haben eine Erwartungshaltung. Die gilt es, mit Leben zu füllen.

4. Erkennen Sie Widerstände – am besten, bevor sie auftreten: Führungskräfte sind zu denen geworden, die sie sind, weil sie agiert (und kommuniziert) haben, wie sie es getan haben. Wenn jetzt Veränderungssituationen anstehen, die auch eine Veränderung in und bei den Führungskräften nach sich ziehen sollen, muss dies thematisiert werden, da ansonsten Widerstände vorprogrammiert sind. Das gilt ebenso für die Begründung des Bedarfs nach Veränderung.
5. Begeistern Sie Ihre Führungskräfte: Von Führungskräften wird viel erwartet. Sie sollen ihren Mitarbeitenden nicht nur Führung und Wertschätzung zuteilwerden lassen, sondern sie auch nachhaltig für Aufgaben und (Veränderungs-)Projekte begeistern. Beides kann nur funktionieren, wenn sich auch die Führungskräfte selbst informiert fühlen, positives Feedback erhalten und klare, offene Kommunikation erleben.
6. Kommunikation und HR sollten Hand in Hand gehen: Führungskräftekommunikation ist eine der zentralen Schnittstellen zwischen HR und IK. Wenn Sie es schaffen, dass an einem Strang gezogen wird, profitieren alle: Geschäftsführung, Führungskräfte, Mitarbeitende.
7. Der Alltag: Strategische Pläne sind nur ein erster Schritt auf dem Weg zu Führungskräften, die erfolgreich kommunizieren. Wichtig ist, diese Kolleg*innen im Alltag in unternehmerische Entscheidungen und Veränderungsprozesse einzubinden, für Ängste der Mitarbeitenden zu sensibilisieren, sie inhaltlich informiert zu halten und zum Dialog zu befähigen.
8. Formatvielfalt: Entwickeln Sie für Führungskräfte eigene Formate und Tools, die ihren Bedürfnissen gerecht werden. Ihre Führungskräfte wünschen sich Austausch? Dann ist vielleicht eine drei- oder viermal jährlich stattfindende Netzwerkveranstaltung ein guter Weg. Sie möchten, dass Führungskräfte in Ihrem neuen Social Intranet, Ihrer App oder sogar im Metaverse mit gutem Beispiel vorangehen?

Dann machen Sie sie zu einem Teil des Pilot-User-Teams. Arbeiten Sie dabei vielleicht mit Mentor*innen aus der Gen Z, die das Tool erläutern und dem Führungsteam immer wieder Rede und Antwort stehen.

9 Interne Kommunikation in Change- und Krisensituationen

Ein Beispiel aus der Praxis

*Jürgen K. ist mit seiner Geduld am Ende. In seiner Rolle als Vorstandsvorsitzender eines börsennotierten Unternehmens der Lebensmittelbranche ist es ihm und seinen Vorstandskolleg*innen nach zahlreichen Wochen Planungsarbeit gelungen, eine Strategie 2030 für ihren Konzern zu entwickeln. Ein hartes Stück Arbeit, die vielen rasanten Veränderungen am Markt und auf dem geopolitischen Parkett in Annahmen zu verpacken und das neue Zielbild zu erarbeiten. Der Druck der Anleger und des Aufsichtsrats war zuvor immer größer geworden. Auch die Kritik an den Entscheidungen der zurückliegenden Monate wurde lauter. Sie hatten dem Unternehmen seine einstige Durchschlagskraft der Vorjahre und damit die erhofften Gewinne nicht zurückbringen können.*

Bis zum Hauptversammlungstermin in zwei Wochen mussten die Inhalte nun in eine Präsentation gegossen und entsprechende Sprachregelungen abgestimmt werden. Aber aus Jürgen K.s Sicht waren sie eigentlich auf einem guten Weg. Und nun das …

*Statt mit fokussierter Arbeit auf diesen Termin hinzuarbeiten, tat sich sein Kommunikationsleiter seit einigen Tagen mit nervenden Fragen hervor: Haben Sie an die Mitarbeitende gedacht? Können wir schon jetzt beginnen, etwas zu kommunizieren? Was sollen wir als Begründung für die Schritte der Strategie formulieren, die unter anderem eine Standortschließung mit entsprechenden Kündigungen vorsieht – bei gleichzeitiger Neueinstellung von Kolleg*innen an einem anderen*

A. Montua, *Führungsaufgabe Interne Kommunikation*,
https://doi.org/10.1007/978-3-658-41715-4_9

Standort? Wie holen wir die Führungskräfte ab? Haben Sie einen Termin festgelegt, an dem Sie sie vorab informieren? Und wie viel Budget habe ich für die kommunikative Begleitung der Strategieeinführung und -umsetzung?

Jürgen K. war angespannt: Jetzt musste er sich plötzlich auch noch um die Kommunikation mit Führungskräften und Mitarbeitenden kümmern. Als ob er mit den Anlegern und Medien nicht genug am Hut hätte.

*Und außerdem: Woher sollte er wissen, welche Art von Kommunikation in dieser Situation die richtige war? In seinen bisherigen Positionen hatten sie nur Erfolgsmeldungen verkünden und Alltagskommunikation planen müssen. Und nun sollte ausgerechnet er entscheiden, wann ein guter Zeitpunkt war, um die Kolleg*innen einzubinden? Wozu wurde sein Kommunikations- und Marketingleiter eigentlich bezahlt? War es nicht sein Job, die Unternehmensstrategie in Kommunikationsmaßnahmen umzusetzen?*

Und dann auch noch das Gejammer der Führungskräfte: Alles so volatil! Alles so schwer planbar! Alles, was an Medien im Unternehmen bisher zur internen Kommunikation eingesetzt worden sei, wäre auch nicht mehr so richtig zukunftsfähig – und unnütz für große Veränderungssituationen! Nein, auch dafür hatte er kein Verständnis. Es konnte doch nicht so schwer sein, Informationen über beschlossene Ziele und Strategien an die Mitarbeitenden zu geben, oder?!

9.1 Veränderung ist zum Alltag geworden

Unternehmen, die am Markt Bestand haben möchten, müssen sich verändern, sie müssen flexibel sein – im Hinblick auf ihre Mitarbeitenden, den Markt und die Führungskultur, die Prozesse. Ein Alltag ohne Transformationsprojekte ist für keine Organisation mehr realistisch. Doch warum scheitern am Ende so unendlich viele Change-Projekte, wenn sie doch mit großem Elan und ehrgeizigen Zielen begonnen hatten?

John P. Kotter, Professor für Führungsmanagement an der Harvard Business School, sieht die Gründe dafür vor allem in den Widerständen der Mitarbeitenden und Führungskräfte und ihrem Zurückfallen in alte Muster.

Die Ausgangslage ist in jedem Unternehmen eine andere, dennoch ist eines gleich: Die Mitarbeitenden und auch die Führungskräfte möchten wissen, was warum passieren soll und woran sie sind. Und sie möchten mit ihren Wünschen und Bedürfnissen gehört werden.

Immer wieder aufs Neue eine Herausforderung für die Interne Kommunikation, die schnell, umfassend und glaubwürdig kommunizieren soll.

Sicher, überhaupt etwas zu kommunizieren ist besser als nichts. Mit einer einfachen Informationsweitergabe ist also schon einmal ein erster Schritt getan. Erfahren die Mitarbeitenden aus erster Hand von geplanten Veränderungen, wird der Umgang damit ein anderer sein, als wenn sie darüber zuerst in der Zeitung lesen oder über den Flurfunk davon hören.

Doch die IK ist nicht nur ein Informationsmedium: Damit Führungskräfte und Mitarbeitende Veränderungen nicht nur als notwendiges Übel sehen, sondern neue Entwicklungen und Wege voller Überzeugung und Begeisterung mitgehen, sollten Hintergründe erläutert, Begründungen geliefert und Perspektiven aufgezeigt werden.

Hierzu ist von Kommunikator*innen und der Unternehmensführung Einfühlungsvermögen gefordert. Ziel muss es sein, anstehende Veränderungen als Chance wahrnehmbar werden zu lassen. Und dafür ist es wiederum notwendig, alle möglichen Facetten des Veränderungsprozesses kommunikativ zu öffnen und Hintergründe zu erläutern. Sie erinnern sich an die Rollen der IK aus Kap. 1?

Insbesondere im Change wünschen sich Unternehmenslenkende vor allem drei Dinge:

- Die Führungskräfte sollen hinter den Unternehmensentscheidungen stehen.
- Die Projektverantwortlichen sollen die Themen mit Elan vorantreiben.
- Mitarbeitende sollen motiviert und engagiert ihre (neuen) Arbeiten verrichten und sich mit ihrem Unternehmen identifizieren.

Der Alltag sieht oft anders aus: Die Produktivität sinkt in Veränderungsphasen rapide ab, Standort-, Sprach- und Kulturbarrieren in global aufgestellten Unternehmen erschweren die Kommunikation, unflexible oder mangelhafte Prozesse hemmen den Informationsaustausch.

In kleinen und mittleren Unternehmen mit überschaubaren Strukturen sind die Mitarbeitenden in Change-Prozessen erfahrungsgemäß besonders kritisch. Sie hinterfragen mehr und empfinden die Auswirkungen unmittelbarer. Die Folge: Energien versickern, Widerstände nehmen zu. Führungskräfte und Projektverantwortliche beschreiben den Change als zäh und schwierig umzusetzen. Diese Prozesse sehen wir in vielen Unternehmen. Haben Sie ähnliche Erfahrungen gemacht? Sie sind nicht allein. Wir empfehlen, diese Störungen immer schon im Vorfeld mit einzubeziehen und in die Veränderungsstrategie mit aufzunehmen.

9.1.1 Die Change-Formel

Angesichts dieser häufig anzutreffenden negativen Begleitumstände stellt sich eine grundlegende Frage: Was hilft uns bei der Kommunikation von Veränderungen? Ist der Schlüssel dazu ein bestimmter Leidensdruck? Oder eine tragfähige Vision?

Meine Erfahrung sagt: beides! Ich weiß, im ersten Moment klingt das wie ein Widerspruch. Die Aussage wird aber verständlicher, sobald wir einen Blick darauf werfen, wodurch Veränderungsprozesse erschwert werden und was beim Umgang mit (internen) Widerständen helfen kann. Dazu hat sich die sogenannte Change-Formel bewährt (Beckhard 1977).

Grundsätzlich als mathematische Formel daherkommend, dient sie Change-Manager*innen und Kommunikator*innen heute oft als strategische Hilfe in Veränderungsprozessen: An welchen Stellen können wir etwas bewegen, damit das Maß an Energie ausreicht, um eine Veränderung nachhaltig erfolgreich zu machen?

Lassen Sie uns auf die Formel und ihre einzelnen Faktoren einen Blick werfen:

$$\mathbf{C = L \times V \times K > W}$$

Change = Leidensdruck × Vision × konkrete Schritte > Kosten

- C = Größe der positiven Veränderungsenergie

- L = Leidensdruck: Unzufriedenheit mit der aktuellen Situation
- V = Vision: klares Bild einer positiven Zukunft
- K = Konkrete Schritte: Wie sehen die Schritte aus, die wir gehen (werden), um den veränderten Zustand zu erreichen?
- W = Kosten der Veränderung: Wie viel Mühe, Geld, Zeit und Liebgewonnenes kostet es, die Veränderung in Angriff zu nehmen?

Wie also wenden Sie diese Formel in der Praxis an?

Bedenken Sie im ersten Schritt, dass wir Menschen, aber auch Organisationen, uns nur dann in ausreichendem Maße verändern, wenn die Variablen der Gleichung größer null sind, wobei über das Maß der positiven Veränderungsenergie vor allem drei Stellgrößen bestimmen:

- Leidensdruck
- Vision
- Konkrete Schritte

Schauen wir zunächst auf den Faktor Leidensdruck. Er kann sich in vielerlei Gestalt zeigen. Als dauerhaftes Gefühl, dass es um die Firma nicht gut bestellt ist. Als existenzielle Krise, die vor der Tür steht. Als große Unzufriedenheit unter den Mitarbeitenden. Hohe Fluktuation. Deutlich erkennbare finanzielle Probleme usw.

In solchen Zeiten liegt eine klare, hoffnungsspendende Vision, ein kraftvolles Bild von einer positiven Zukunft, naturgemäß in weiter Ferne. Aber genau dieses „V" aus unserer Formel benötigen wir. Verständlich formuliert und von der Unternehmensleitung mit entsprechend mitreißenden Botschaften kommuniziert, ist unsere Vision das Herzstück unserer Change-Kommunikation. Nicht aus der Kategorie „Ich sehe blühende Landschaften". Vielmehr als konkrete, glaubwürdige, nachvollziehbare Change-Story, über die alle Bezugsgruppen sich abgeholt fühlen.

Heruntergebrochen auf die Veränderungsschritte ist es wichtig, dass Führungskräfte in die Lage versetzt werden, die Vision anfassbar und alltagstauglich zu machen. Sie müssen die Teams mit kleinen Teilzielen auf dem Weg zur Veränderung begleiten. So entstehen viele kleine Erfolge, die kommunikativ genutzt werden sollten, um den Veränderungsprozess kontinuierlich mit neuer Energie zu versorgen.

Ein Beispiel

Ihr Unternehmen hat das Thema „Digitalisierung" als Zukunftsthema gesetzt. Derzeit agiert die Firma erfolgreich im Markt, erwirtschaftet respektable Gewinne und ist für die Zukunft sehr gut aufgestellt – scheinbar.

In Wahrheit jedoch wünscht sich der Vorstand eine agilere, schnelle, innovative und digitale Kultur mit intrinsisch motivierten Mitarbeitenden. Sie als Verantwortliche*r für Interne Kommunikation bekommen den Auftrag, diesen gewünschten Wandel kommunikativ zu unterstützen.

Um die Menschen auf diesen Weg mitzunehmen und sie zu motivieren, sie aktiv zu begleiten, brauchen Sie eine Change-Story (mehr dazu am Schluss dieses Kapitels). Diese können Sie auf die drei beschriebenen Faktoren aufbauen:

1. Was ist der Leidensdruck? Egal, wie rosig die Gegenwart scheinen mag: Wohin führt die Zukunft, wenn wir in diesem Zustand verbleiben? Dieses Szenario muss von der IK beschrieben werden. Gibt es den Druck von außen nicht, sondern möchte das Unternehmen proaktiv agieren, so ist die „Winning the princess"-Strategie (s. nächster Punkt) gefragt.
2. Wie sieht die Vision aus, die hinter der gewünschten Veränderung wartet? Gibt es keine, ist es an Ihnen, diese kraftvolle Vision zu erarbeiten und zu transportieren. Nutzen Sie externe Unterstützung, falls Sie zu dieser Aufgabe Fragen haben. Die Vision ist nicht trivial. Sie ist Ihr zentraler und wichtigster Aspekt im Change-Kommunikationskonzept.
3. Nach der Visionsarbeit entwickeln Sie – möglichst im Schulterschluss mit der Geschäftsleitung – spezifische, messbare und realistische Teilziele, die die Veränderung Schritt für Schritt herbeiführen.

Der Nutzen aller drei Faktoren muss größer sein als die daraus entstehenden Kosten. Dabei geht es sowohl um reale Kosten im eigentlichen Sinne als auch um ideelle, etwa von Energie und Motivation. Dem Preis, den das Unternehmen für die erstrebte Veränderung zahlt, muss ein lohnenswerter Gegenwert entsprechen. Dafür ist es wichtig zu erkennen, wie die Gemeinschaft der Mitarbeitenden strukturiert ist: Je mehr Teile der Belegschaft den Wert für die einzelnen Faktoren auf null setzen, desto größer wird die kollektive Gegenwehr sein.

Das heißt im Klartext:
Wenn Sie feststellen, dass einer der Faktoren nicht größer als Null ist, haben Sie nur zwei Perspektiven: Es gibt keinen echten Veränderungsbedarf – der Wunsch ihrer Unternehmenslenkenden bleibt

ein Hobby oder eine Simulation, aber keine substanzielle Veränderung im Unternehmen. Oder Sie haben nicht umfassend genug nachgedacht, Ihrer Geschäftsführung nicht hartnäckig genug Fragen gestellt, um alle relevanten Parameter zu erarbeiten.

Umgekehrt gilt: Wenn anhand dieser Formel zweifelsfrei festgestellt worden ist, dass in Ihrem Unternehmen konkreter Veränderungsbedarf besteht, sollten Sie sich umgehend der Herausforderung stellen, die so ein Change-Projekt bedeutet.

Allerdings wirkt ein fundamentaler Veränderungsprozess auf die Verantwortlichen nicht selten wie ein unüberschaubares Großprojekt, das Fragen aufwirft: Wo soll man den Hebel zuerst ansetzen? Welche Einflussinstrumente stehen überhaupt zur Verfügung?

Lassen Sie uns einen Blick auf die einzelnen Change-Phasen werfen und die Reihenfolge der notwendigen Veränderungsteilschritte ableiten.

9.1.2 Schritt für Schritt kommuniziert es sich besser

Jeder Mensch, der sich mit einer Veränderungssituation konfrontiert sieht, durchläuft auf seinem Weg die unterschiedlichsten Phasen. Der Harvard Business Professor John Paul Kotter entwickelte ein mehrstufiges Modell (Kotter 2011) und belegte, dass für eine erfolgreiche Umsetzung der Veränderung alle Stufen durchlaufen werden müssen. Zwingend erforderlich ist eine intensive Begleitung durch Führungskräfte und die Interne Kommunikation.

Die Schritte:

1. Zeigen Sie die Dringlichkeit

Mitarbeitende und Führungskräfte benötigen Wissen zu den Hintergründen: Warum ist genau jetzt der richtige Zeitpunkt für einen Veränderungsprozess, und wie soll er vonstattengehen?

Nutzen Sie das direkte Gespräch zwischen Geschäftsleitung und Führungskräften, um Ihre Führungsebenen für die Dringlichkeit der Veränderung zu sensibilisieren. Erläutern Sie den „Reason Why“, das große Ganze. Machen Sie auf den unternehmensinternen oder -externen Leidensdruck aufmerksam, indem Sie die Tools der Internen

Kommunikation nutzen. Und sorgen Sie für den Beginn eines nachhaltigen Kommunikationsflusses. Immer wieder kann es Situationen geben, in denen „einfache“ Kommunikation nicht ausreicht. Dann sind Formate wie Lern-Reisen, externe Vorträge oder eine analytische Wettbewerbsbetrachtung mögliche Ergänzungen.

2. Gewinnen Sie Ihre Führungskräfte für die Veränderung
Sind Mitarbeitende und Führungskräfte sensibilisiert, stellen Sie aus dem Führungsteam einen Mix aus Kolleg*innen der verschiedenen Bereiche und Kompetenzen zusammen. Diese Auswahl trägt mit Ihnen gemeinsam den Wind der Veränderung ins Unternehmen. Treffen Sie sich regelmäßig, um immer wieder durch persönliche Gespräche neue Energie in diese Führungscrew zu geben und sich über die Widerstände und Sorgen in den Bereichen zu informieren.

3. Entwickeln Sie Vision und Strategie
Damit Führungskräfte und Mitarbeitende mit Mut und Überzeugung durch den Veränderungsprozess gehen, sollten Sie für eine tragfähige Vision sorgen. Setzen Sie starke Ziele, an denen Sie sich auch während des Prozesses immer wieder messen lassen können. Nutzen Sie bei der Entwicklung der Vision die Kraft der Gemeinschaft und binden Sie die Führungskräfte eng ein. Ihrer Geschäftsleitung kommt dabei eine besondere Rolle zu. Sie sollte die Eckpfeiler vorgeben und die finale Vision motivierend kommunizieren. Aber Achtung: Eine Vision meint nicht „Zahlen, Daten, Fakten“, sondern einen emotionalen Zukunftsanker für die Kolleg*innen, für den es sich lohnt, aus der eigenen Komfortzone herauszukommen. Für dessen Formulierung braucht es Ruhe und Muße. Eine Vision ist nichts, was Führungskräfte wegdeligieren oder „mal eben nebenbei“ erledigen können. Nehmen Sie sich Zeit für einen echten Prozess.

Starten Sie mit einer engagierten Rede der Geschäftsführung auf der Town Hall. Werden Sie nicht müde, die Ziele des Change-Prozesses kontinuierlich und über verschiedene Wege immer wieder an Führungskräfte und Mitarbeitende zu kommunizieren und auch gelegentlich in die Alltagskommunikation einfließen zu lassen. Von der Erstellung und Kommunikation einer Change-Story über die Kreation einer Kampagne zum Veränderungsprozess bis hin zu Artikeln in Ihrem Intranet oder in Newslettern – nutzen Sie die Kanäle, die Ihnen zur Verfügung stehen. Oder schaffen Sie ergänzend neue.

4. Mit Widerständen arbeiten
Es gibt Kolleg*innen, die den Transformationsprozess aktiv blockieren? Organisationsstrukturen erschweren Ihnen die Zielerreichung? Routinen behindern neue Arbeitsweisen? Identifizieren Sie mögliche Hindernisse und arbeiten Sie mit ihnen. So machen Sie den Weg frei für neue Denk- und Arbeitswelten Ihrer Teams.

Gehen Sie dafür mit offenen Augen durchs Unternehmen, führen Sie Fokusgruppenbefragungen und Einzelinterviews durch (s. Befragungen), sprechen Sie mit Menschen in Schnittstellenfunktionen und schaffen Sie Feedbackmöglichkeiten.

5. Erste Erfolge sichtbar machen
Motivieren Sie Führungskräfte und Mitarbeitende dazu, über die Erreichung erster Teilziele zu sprechen und zu schreiben. Sorgen Sie über gewohnte Kommunikationsmedien für eine breite Verteilung und sprechen Sie mit Geschäftsführung und Personalbereich darüber, wie die Honorierung bei der Erreichung von Teilzielen aussehen kann.

Berichten Sie regelmäßig über die nächsten Schritte und Erfolge bei der Veränderung. Gehen Sie dabei bestenfalls immer wieder unter ein gemeinsames strategisches und optisches Dach. Hierfür reichen auch kleine Erfolge aus. Auf diese Weise nimmt die Organisation Mitarbeitende und Führungskräfte mit auf die Reise und macht die Veränderung greifbar und verständlich. Man wird Teil des Ganzen.

6. Wandel nachhaltig vorantreiben
Unterstützen Sie die Projektleitung dabei, regelmäßig zu analysieren, was gut läuft und an welchen Stellen Unzufriedenheit herrscht. Geben Sie durch Ihre Berichterstattung immer wieder neue Impulse zur Zielrichtung des Veränderungsprozesses. Nehmen Sie zusätzliche Mitarbeitende in Kommunikationsteams auf und entwickeln Sie in kreativen Prozessen neue Ideen für Formate und Beiträge. Schauen Sie regelmäßig auf Ihre Aktivitäten und justieren Sie diese nach. Nur so

bleiben Sie am Puls der Zeit und kommunizieren wirksam und nachhaltig.

7. Veränderungen in der Kultur sichtbar machen
Lassen Sie die neuen Verhaltens- und Arbeitsweisen zu einem Teil Ihrer neuen Kultur werden. Ebenso die Artefakte Ihres Veränderungsprozesses sowie die neuen Medien und Formate. Und werden Sie bitte nicht müde, immer wieder über die Ergebnisse des Veränderungsprozesses zu berichten – in Ihren internen Medien ebenso wie in persönlichen Gesprächen. Ziel muss es sein, nachhaltig Verankerungen in der Kultur zu schaffen.

9.1.3 Die Change-Kurve neu gedacht

Alle Change-Projekte eint ihr hohes Maß an Komplexität. Von der Buchhaltung bis zum Marketing sind viele Unternehmensbereiche betroffen und mit ihnen unweigerlich auch die dort arbeitenden Personen. Der Faktor Mensch und die Unternehmenskultur sind deshalb das Fundament für den Erfolg dieser Prozesse, die stark von der Einbeziehung psychologischer bzw. emotionaler Aspekte abhängen.

Der Führungsexperte Prof. Dr. Richard K. Streich benennt in seinem 7-Phasen-Modell die emotionalen Reaktionen von Beteiligten in Veränderungsprozessen (Streich 2016). Jede dieser Phasen ist durch bestimmte Herausforderungen geprägt. Und jede einzelne benötigt von der Unternehmensführung, Personal- und Kommunikationsabteilung Führungs- und Kommunikationsparameter, die auf die Gefühle und Reaktionsmuster angepasst sind (Abb. 9.1).

Die Change-Kurve beginnt üblicherweise dann, wenn die Betroffenen mit den Auswirkungen auf ihren Arbeitsbereich und damit auf ihr Leben und ihre berufliche Existenz konfrontiert werden. Veränderungen werden spürbar und sichtbar. Dies geschieht also nicht notwendigerweise zu Beginn der Change-Kommunikation, während Sie die Hintergründe erläutern und die Change-Story vorstellen.

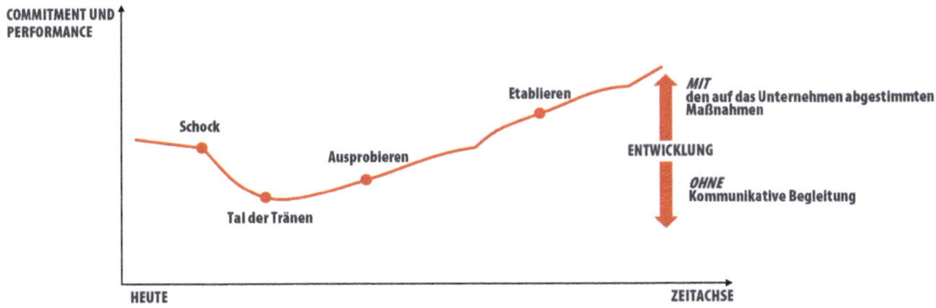

Abb. 9.1 Veränderungen und ihre kommunikative Begleitung. (Quelle: Eigene Darstellung in Anlehnung an die sieben Phasen der Veränderung nach Richard K. Streich „Fit for Leadership", 2. Auflage, SpringerGabler Verlag, Wiesbaden, 2016, S. 24 ff.)

1. Phase: Schock – die Menschen sind überfordert und lehnen die Veränderung auf emotionaler Ebene ab. Gefühle wie Angst und Sorge prägen die Situation. Die Produktivität sinkt.
2. Phase: Ablehnung – die Veränderung wird bewusst und unter Benennung rationaler Gründe abgelehnt.
3. Phase: Rationale Einsicht – die Menschen merken, dass die geplanten Veränderungen nicht zu umgehen sind, und ziehen deren Sinnhaftigkeit in Betracht.
4. Phase: Emotionale Akzeptanz – nachdem erst nur die Ratio Bereitschaft signalisiert hatte, folgen nun auch die Emotionen (das „Tal der Tränen") – die innere Ablehnung schwindet und neue Verhaltensweisen entstehen.
5. Phase: Lernen – Menschen beginnen, die Veränderung nicht nur geschehen zu lassen, sondern sie aktiv mitzugestalten und daraus zu lernen.
6. Phase: Erkenntnis – Mitarbeitende erleben Positives rund um die Veränderung und beginnen, die Veränderung gut zu finden. Neugierde weicht einer positiven Bewertung.
7. Phase: Integration – neue Arbeitsabläufe und Prozesse sind fest in den Alltag integriert. Dies hat eine Steigerung der Leistungsfähigkeit zur Folge.

Doch Achtung: Leider haben wir es nicht mehr nur mit der einen altbekannten Change-Kurve zu tun. Warum? Weil frühere Konstanten wie klassische Familienmodelle, beständige Arbeitgebende bzw. nacheinander ablaufende Veränderungssituationen der Vergangenheit angehören.

Stattdessen durchleben wir diverse Veränderungsprozesse gleichzeitig. Und bei jedem einzelnen davon befinden wir uns an anderen Stellen der Change-Kurve.

Insgesamt erzeugt all das einen enormen Druck auf jede Einzelne und jeden Einzelnen von uns. Als Führungskraft und Kommunikator*in müssen wir uns also fragen: Wie viel Resilienz bzw. psychische Widerstandskraft bringen die Kolleg*innen mit? Was braucht es, um diese zu erhöhen? Je größer die kollektive Widerstandsfähigkeit innerhalb eines Teams oder des gesamten Unternehmens ist, desto wahrscheinlicher ist ein erfolgreicher Change-Verlauf.

Der Erfolgsparameter für passgenaue Veränderungskommunikation sollte also nicht mehr die Zielgröße Team, Abteilung oder Business Unit sein. Die ausschlaggebende Stellgröße ist vielmehr jede*r einzelne Mitarbeitende, jede einzelne Führungskraft. Wichtig ist es, die Widerstandsfähigkeit von Teams und Individuen zu erhöhen und damit letztlich den Prozess zu stärken.

Natürlich: Dieser Ansatz ist maximal aufwendig und ab einer gewissen Betriebsgröße auch schlicht nicht realistisch umsetzbar. Alle Kommunikator*innen sollten dennoch bei ihrem Tun im Hinterkopf behalten, dass Kommunikation, die sich primär an Gruppen und nicht an Individuen wendet, nie ein optimales Ergebnis liefern kann.

Als Führungskraft und Kommunikationsverantwortliche*r wissen Sie sicher, dass Sie auf die Menschen in Ihrem Unternehmen möglichst individuell eingehen und adäquat kommunizieren müssen, um für Verständnis und Veränderungsbereitschaft zu sorgen.

Wie also verknüpfen Sie Veränderungsprozesse und Interne Kommunikation sinnvoll miteinander?

- Warten Sie nicht, bis die Veränderung mit all ihren Ausprägungen wirklich in der Tür steht. Beginnen Sie stattdessen frühzeitig die Kommunikation(splanung) rund um den Change-Prozess.

- Sorgen Sie dafür, dass die IK von Beginn an in den Projektgruppen ansässig ist.
- Sorgen Sie für Vernetzung zwischen den Beteiligten, aber auch zu Kolleg*innen in anderen Unternehmen. Lernen Sie von guten Beispielen. Die Change-Kommunikation ist nichts, was man hinter verschlossenen Türen planen und umsetzen sollte. Lernen Sie stattdessen lieber von und mit anderen.
- Beschönigen Sie die Veränderung nicht, um den Schock abzumildern. Dies führt direkt mit Bekanntwerden des eigentlichen Ausmaßes zu einem Mangel an Glaubwürdigkeit bei Ihren Zielgruppen.
- Gehen Sie nicht davon aus, dass Dinge, die Sie lediglich ein einziges Mal kommuniziert haben, bei allen Mitarbeitenden angekommen sind. Nutzen Sie diverse Sinnesmöglichkeiten (auditiv, haptisch, visuell etc.) zur Vermittlung Ihrer Botschaften.
- Weichen Sie den Veränderungsprozess nicht auf, um das Tal der Tränen (s. Change-Kurve) schneller zu durchschreiten. Es holt Sie sonst in Form von Widerständen zu einem späteren Zeitpunkt wieder ein.

9.1.4 Mit Storytelling den Change begleiten

Wie sehr sich unser Arbeitsleben auch noch verändern mag – eins bleibt uns erhalten: die Freude an gut erzählten Geschichten (Kröger, Jedem Change seine Story 2017). Umso mehr, wenn im Zuge von Digitalisierung und anderen Transformationen große Veränderungsprozesse anstehen. Denn nichts trägt Sinn und Zweck einer Veränderung so emotional wie eine fesselnde, ansprechende Story.

Wer Mitarbeitende erreichen, sie überzeugen und begeistern will, muss den Weg in ihr Herz finden. Und das gelingt auch im Kontext „Arbeit" am besten über perfektes Storytelling. Wir alle merken uns Dinge besser, wenn wir ein Bild vor Augen haben, eine Geschichte dahintersteht und nicht alles losgelöst voneinander, sondern ganzheitlich betrachtet wird.

Mitarbeitende sollen Veränderungen akzeptieren, sich trotz aller Umwälzungen mit dem Unternehmen identifizieren und den Wandel engagiert mittragen. Eine Change-Story kann all das fördern. Voraussetzung: Sie bildet den Kern eines begleitenden Change- und Kommunikationskonzeptes und zieht sich als roter Faden durch den gesamten Veränderungsverlauf.

Was heißt das konkret? Zunächst, dass sie nicht unbedingt als Geschichte für die Mitarbeitenden verschriftlicht werden muss. Sie sollte aber insbesondere vom Topmanagement erzählt oder in Form eines Erklärfilms dargestellt werden.

Eine gute Story kann Brücken bauen und neue Blickwinkel eröffnen. Denn anders als die Aneinanderreihung von Daten und Fakten kann eine klug komponierte Change-Story Botschaften vermitteln, die hängen bleiben und im wahrsten Sinne des Wortes bewegen. Im Idealfall ein ganzes Unternehmen.

Mitarbeitende emotional anzusprechen fördert im Idealfall Vertrauen, Motivation und eine enge Bindung an das Unternehmen. Bereits hier kann die IK gezielt wirken und Führungskräften durch Workshops ihre eigene Bedeutung im Kontext von Veränderungsprozessen nahebringen.

Wichtig zu Ihrer Beruhigung: Man muss nicht als Schriftsteller geboren sein, um eine stimmige Change-Story zu entwerfen. Dennoch sollte im Prozess möglichst auch ein redaktioneller IK-Profi mit ans Werk. Er oder sie arbeitet zu Beginn mit den Beteiligten das Kommunikationsziel klar heraus, das durch alle Abteilungen abgestimmt wird:

- Welche Botschaft soll vermittelt werden?
- Ist Wachstum das große Ziel? Oder Diversifikation? Oder müssen wir uns bestimmten Marktgegebenheiten anpassen?
- Was genau ist es, das die Veränderung hervorbringt?
- Und wie wollen wir das schaffen?
- Welche Hindernisse gilt es auf dem Weg dorthin zu bewältigen?
- Wovon müssen wir uns verabschieden auf dem Weg und womit werden wir am Ende belohnt?

Für die Geschichte sollte schnell ein sprachliches Bild oder Motiv gefunden werden, das nicht nur zum Unternehmen passt, sondern vor allem zu den Mitarbeitenden. Sie sollten sich darin wiederfinden.

Das Unternehmen ließe sich beispielsweise als solides Haus oder futuristisches Raumschiff darstellen, die Mitarbeitenden als Bewohner oder Crew. Wer mit einem emotional aufgeladenen Plot den richtigen Ton trifft, macht Mitarbeitende zu Protagonist*innen der Geschichte, die den Weg des Unternehmens in eine erstrebenswerte Zukunft zeigt. Lassen Sie Ihrer Kreativität freien Lauf.

Herausforderungen und Risiken müssen dabei unbedingt thematisiert werden. Eine Change-Story darf nicht „glatt" und wie ein Märchen formuliert sein. Sie darf und muss authentisch sein. Um glaubwürdig zu bleiben, sollte keine Formulierung in Schönfärberei oder Propaganda abrutschen. Die Change-Story muss die theoretische Ebene des Projektes mit der praktischen Arbeitswelt der Mitarbeitenden verbinden. Nur so fühlen diese sich wirklich angesprochen.

Beim Entwickeln einer solchen Geschichte sollten Sie sich in Veränderungsprozessen als Führungskraft oder Kommunikator*in diese vier Fragen stellen:

1. Welche Arten von Veränderung gibt es in Ihrem Unternehmen gerade? Welche davon müssen bei der Kommunikation mit bedacht werden?
2. Können Sie auf überstandene Krisen und erfolgreiche Veränderungsprozesse verweisen?
3. Besteht Vertrauen in die Unternehmensführung oder muss an dieser Stelle noch (kommunikative) Vorarbeit geleistet werden?
4. Wie hoch ist der Leidensdruck – und gibt es eine tragfähige Vision?

Erläutern Sie in Ihrer Change-Story das Why, What und How. So entsteht bestmögliche Orientierung. Haben Sie die passenden Worte gefunden, um Ihren Führungskräften und Mitarbeitenden die Geschichte der Transformation näherzubringen?

Dann nutzen Sie diese im nächsten Schritt überall dort, wo Kommunikation zum Veränderungsprozess gefragt ist: in Präsentationen, auf internen Veranstaltungen, in kleinen Erfolgsgeschichten in Intranet und Printmedien und natürlich, wann immer Ihr Projektteam zu den Veränderungen kommuniziert. Wählen Sie Meilensteine, die das Voranschreiten der Veränderungen verdeutlichen, und arbeiten Sie immer wieder mit den gleichen Bildern. So arbeiten Sie mit konsistenten Botschaften und Visualisierungen im Veränderungsprozess, die Verständnis und Mitgehen ermöglichen.

Lassen Sie uns noch einmal einen Blick auf die Fragen werfen, die Sie sich als Kommunikator*in oder Führungskraft stellen sollten, wenn es um die Kommunikation in Veränderungsprozessen geht:

- Was genau ist die Veränderung? Wie würden Sie sie in 3–4 Sätzen beschreiben?
- Welche Vision steht dahinter? Warum ist es ein sinnvoller Veränderungsprozess? Was ist anders, wenn er erfolgreich war?
- Welcher Leidensdruck hat den Veränderungswillen ausgelöst?
- Wer wird von den Veränderungen betroffen sein und was bedeuten diese für die Kolleg*innen?
- Kennen alle am Prozess Beteiligten die (Kommunikations-)Phasen der Veränderung oder gilt es an der Stelle noch Basisarbeit zu verrichten?
- Wie lautet die Geschichte zu Ihrem Veränderungsprozess, welche Change-Story erzählen Sie während der kommenden Monate?
- Welches Budget haben Sie für welche konkreten Schritte?
- Brauchen Sie zu Ihrem bisherigen Portfolio an Kommunikationsinstrumenten weitere Tools und Formate für den Veränderungsprozess?
- Kann es sinnvoll sein, externe Unterstützung für die Kommunikation der Veränderungen zu engagieren, oder sind Sie intern gut genug aufgestellt?

9.2 Interne Kommunikation in Krisenzeiten

Krisen entstehen immer ungewollt und meistens auch unerwartet. Ihr Verlauf ist dynamisch, wenig planbar und deshalb schwer zu steuern. Krisen wie etwa die COVID-19-Pandemie oder die Kriege in Nahost oder Europa entstanden aufgrund von Umständen, die für Unternehmen nicht frühzeitig erkennbar waren. Die Konsequenzen waren sehr schnell spürbar: Produkte konnten nicht mehr hergestellt, Rohstoffe nicht mehr bezogen werden, Transportwege lagen brach. Notfallpläne waren kaum vorhanden und auch die Mitarbeitenden, per Gesetz ins Homeoffice geschickt, konnten nur noch eingeschränkt erreicht werden.

Für Unternehmen ergeben sich in Krisenzeiten zwei große Handlungsfelder: ein Externes, das Produktion und Absatz betrifft, und ein Internes, das die Situation der Mitarbeitenden und die Kommunikation mit ihnen beinhaltet. Auf Veränderungen reagieren Menschen mit Skepsis, mit Misstrauen und schlimmstenfalls mit Ablehnung. Dabei ist es nicht relevant, ob dies nun eine Krise mit deutlichen Erschütterungen von Unternehmen und Mitarbeitenden ist oder ob es sich um Neuerungen handelt, etwa bei der Einführung agiler Methoden. Sinnvoll ist es also, in Zeiten normalen Betriebs schon einmal zu überlegen, was in einer Krise für die eigene IK wichtig werden könnte.

Für einige Unternehmen gehören Krisen zum Alltag. Etwa aufgrund verwendeter Produkte oder ihres Geschäftsmodells. Viele von ihnen sind hocheffizient auf Krisen vorbereitet. Über ein Issues Management werden konfliktbehaftete Themen identifiziert und passende Konzepte bereits im Vorfeld entwickelt. Tritt ein Krisenfall ein, wird der Plan aktiviert. Viele der später benötigten Materialien und Maßnahmen können so schon vorbereitet werden. Dazu gehören Dokumente wie Rundschreiben, Q&As oder Landingpages mit relevanten Informationen rund um den Krisenherd. Auch Kommunikationspläne erleichtern die Arbeit und sparen wertvolle Zeit, die das Unternehmen, ist die Krise einmal eingetreten, kaum mehr hat. Sie beinhalten Kontaktdaten und Verantwortlichkeiten, benennen Sprecher*innen und Entscheider*innen und halten fest, welche Kanäle für welche Messages verwendet werden. Fester Bestandteil der Krisenpläne ist immer auch die Kommunikation mit den Mitarbeitenden.

9.2.1 Die drei Phasen einer Krise

Eine Krise besteht aus drei Phasen: der Präventions-, der Reaktions- und der Transformationsphase.

1. Die Präventionsphase Den größten Handlungsspielraum zur Bewältigung einer Krise haben Organisationen, bevor die Krise eingetroffen ist – in der Präventionsphase. Maßnahmen, die Sie vorbereitend ergreifen, werden Ihnen die Bewältigung der Herausforderungen deutlich erleichtern.
Tipps und Fragen für Ihre Vorbereitung:

Welche Krisenthemen haben wir? Drohen Umstrukturierungen oder Entlassungen? Gibt es ein Leak im Betriebsrat? Werden wir von Hacker*innen bedroht? Haben wir Fälle von Mobbing oder sexueller Belästigung? Welche unserer Themen haben das Potenzial, die Betroffenen zu mobilisieren? Entwickeln Sie mögliche Szenarien, beispielsweise die Entlassung bestimmter Personen. Werden Sie so konkret wie möglich.

Wer sind unsere Ansprechpartner*innen? Alle Kontaktdaten müssen vorhanden sein. Dazu gehören auch Handynummern der Geschäftsleitung, der Führungskräfte, der Rechtsanwälte oder Rechtsanwältinnen und der IT. Benötigt werden die internen Verteiler, falls mit E-Mails gearbeitet werden soll, und natürlich auch externe Kontakte aus Politik und Behörden, von Partner*innen, Kund*innen, Zulieferern, NGOs, Verbänden usw. Haben Sie Mitarbeitende, die besonders Social-Media-affin sind und für Employee Advocacy aufgebaut werden könnten?

Welche Informationen brauchen wir? Welche Infos sind für wen relevant? Gibt es Themen, die Mitarbeiter*innen besonders interessieren?

Was kann ich vorbereiten? Hier gilt es, kritische und sehr konkrete Fragestellungen aller Mitarbeitenden, Stakeholder und Abteilungen vorauszudenken und in passende Dokumente, etwa in Form von Q&As, zu gießen. Wordings, Sprachregelungen und Statements können ebenfalls schon vorbereitet werden.

Wie sieht unsere Kanalmatrix aus? Welche Kanäle funktionieren für meinen Bedarf am besten? Welche sind die schnellsten? Die persönlichsten? Existieren diese Kanäle bereits? Werden sie viel und gern genutzt?

Wie ist der Krisenstab aufgestellt? Legen Sie fest, wer im Krisenstab welche Rolle hat. Wer bildet ihn, wo und wann trifft er sich? Wer hat welche Befugnisse? Wer spricht mit wem? In welcher Reihenfolge müssen Personen informiert werden? Welche Tools, Kanäle und Plattformen nutzt der Krisenstab für die eigene Kommunikation, Datenablage und Abstimmung?

Wer behält die Social-Media-Kanäle im Blick? Wer ist Sprecher*in? Wer beantwortet Fragen der Mitarbeitenden? Außerdem ein paar grundsätzliche Fragen:

1. Ist unser Management für den Umgang mit Krisen sensibilisiert?
2. Gelten wir als IK als glaubwürdig und vertrauensvoll?
3. Wie viel Vertrauen haben die Mitarbeitenden in die Führungskräfte? Sind sie glaubwürdig?
4. Sind unsere Führungskräfte befähigt, Krisengespräche zu führen?
5. Pflegen wir die Beziehungen zu unseren Mitarbeitenden?
6. Kennen wir ihre Wünsche und Erwartungen?

2. Die Reaktionsphase

Ist die Krise eingetreten, befinden Sie sich unmittelbar in der Reaktionsphase. Für Vorbereitungen ist jetzt keine Zeit mehr. Hatten Sie Gelegenheit, sich auf diese Situation vorzubereiten, wird Ihnen an dieser Stelle vieles leichterfallen, denn die größte Herausforderung in der Krise ist die Geschwindigkeit, mit der Dokumente, Wordings und Pläne finalisiert und abgestimmt, Entscheidungen getroffen und Verantwortlichkeiten geklärt werden müssen.

Was nun wichtig ist:

- Kommunizieren Sie regelmäßig, glaubwürdig und transparent.
- Informieren Sie immer intern vor extern.
- Ihnen liegen aktuell nicht alle Informationen vor? Sagen Sie das.
- Bleiben Sie immer bei den Fakten. Keine Spekulation, keine Interpretation, keine Verbreitung eigener Gedanken, Ansichten oder Meinungen.
- Sprechen und schreiben Sie in verständlicher Sprache. Vermeiden Sie Abkürzungen und Fachbegriffe.
- Kommunizieren Sie lieber schnell als vollständig.
- Kommunizieren und agieren Sie empathisch, aber sachlich.
- Versetzen Sie sich in die Lage der Mitarbeitenden und erkennen Sie deren Bedürfnisse und Themen.
- Zeigen Sie Dialogbereitschaft.
- Transportieren Sie die Botschaften einheitlich über alle Kanäle.
- Stimmen Sie sich eng mit der externen Kommunikation ab.
- Vermeiden Sie Vertrauensverlust.
- Geben Sie Fehler zu.
- Zeigen Sie Lösungen auf.

Denken Sie daran, Ihre Mitarbeitenden immer vor allen anderen zu informieren. Wenn das nicht möglich ist, mindestens zeitgleich. Die Informationshoheit liegt bei Ihnen, nicht in den Medien. Ihre Mitarbeitenden verlassen sich auf Sie – als verlässliche, authentische und ehrliche Informationsquelle.

3. Die Transformationsphase
Geschafft, die Krise ist überstanden, das Schlimmste vorbei. Jetzt können Sie durchatmen und das Erlebte verarbeiten. Werten Sie Geschehnisse sorgfältig aus und fassen Sie Ihre Erkenntnisse zusammen. Nutzen Sie die gemachten Erfahrungen, um festzuhalten, was gut lief und was nicht. Optimieren Sie Strukturen und Prozesse, wenn nötig, und passen Sie Ihren Krisenkommunikationsplan an. Entwickeln Sie Folgemaßnahmen, beispielsweise um Kontakt mit

Stakeholdern zu intensivieren, Vertrauen zu stärken oder Kanäle weiter zu etablieren. Prüfen Sie, ob es weitere Nachfolgekommunikation mit den Mitarbeitenden geben sollte, um Geschehnisse einzuordnen und Maßnahmen für die Zukunft abzuleiten.

9.2.2 Die Rolle der Führungskräfte in Change- und Krisensituationen

Das Wort des oder der CEO hat Gewicht. Sehr viel Gewicht. Das gilt immer, aber ganz besonders in schwierigen Zeiten. Das trifft auf alle Führungskräfte zu. Aus diesem Grund kommt ihnen in Krisen eine besondere Bedeutung und Verantwortung zu. Gegenüber den Mitarbeitenden sind sie diejenigen, die den Kurs bestimmen, ihn vertreten und erläutern und für Orientierung sorgen. Wichtig dabei sind diese Faktoren:

Ehrlichkeit	Keine falschen Versprechungen machen, Wort halten, Risiken aufzeigen, Unsicherheiten zugeben
Menschlichkeit	Mitarbeitende identifizieren sich leichter, wenn sie auch den Menschen hinter dem oder der CEO sehen können. Viele Unternehmen unterschätzen die Rolle, die CEO und Führungskräfte als Orientierungspunkt für die Mitarbeitenden spielen
Energie	Sprache kann Mut machen und Energie geben. Auch der Auftritt und die Körpersprache hinterlassen ihre Wirkung
Empathie	Besonders in Krisenzeiten muss klar sein, wo die Menschen stehen und wie es ihnen geht. Innerhalb der Zielgruppe kann es gravierende Unterschiede geben.
Konsequenz	Die Werte und Überzeugungen, die die Führungskraft vermittelt, sollten immer im Einklang mit den Aussagen stehen – und mit den Unternehmenswerten. Vermeiden Sie Worthülsen, Floskeln, Allgemeinplätze und zu viel Emotionalität

Wie aber machen wir unsere Führungskräfte auch wirklich fit für die nächste Change- oder Krisensituation? Führungskräfte durchlaufen die gleiche Change-Kurve wie die Mitarbeitenden auch.

Für sie ist es deshalb besonders wichtig, die Dynamik und die Phasen der Change-Kurve zu verstehen und damit nachempfinden zu können, was bei ihnen selbst und bei ihren Mitarbeitenden im Change passiert. Gleichzeitig hilft es, sich mit der eigenen Führungsrolle auseinanderzusetzen und diese bestmöglich auszufüllen.

Führungskräfte besetzen in Veränderungsprozessen mehrere Rollen. Sie sind

- Vorantreibende, weil sie anstehende Veränderungen (im besten Fall) als sinnvoll erachten.
- Gestaltende, weil sie (in der Regel) aktiv daran mitwirken können und sollen.
- Orientierungsgebende, weil sie der erste Anlaufpunkt für ihre Mitarbeitenden sind.
- Begleitende, weil sie die Stärken und Schwächen ihrer Teammitglieder erkennen und das Team entsprechend austarieren müssen.
- Betroffene, weil sie die Phasen der Veränderung gleichermaßen und vor allen anderen durchlaufen müssen, ihre zusätzlichen Rollen ausfüllen wollen und gleichzeitig ihr Alltagsgeschäft bewältigen müssen.

Für all das benötigen Führungskräfte starke Partner*innen im Unternehmen, die sie tatkräftig darin unterstützen, ihre Rollen auszufüllen. Die Interne Kommunikation konnte ihre Kompetenzen in der Vergangenheit signifikant erweitern und ist gemeinsam mit den Kolleg*innen von HR zu einem dieser starken Partner*innen geworden.

So machen Sie Ihre Führungskräfte fit für den nächsten Change oder die nächste Krise:

1. Organisieren Sie Trainings für die Führungskräfte, damit diese verstehen, was in Change-Situationen vor sich geht, und sich in diese einfühlen können. Vermitteln Sie die Theorie und die möglicherweise aufkommenden Emotionen so, dass Führungskräfte sie in der Realität erkennen und auch damit umgehen können. Gefühle im Change wie Angst, Unsicherheit, Ablehnung, Widerstand benötigen einen geschützten Raum. Nicht jede*r weiß, in welcher Form dieser

angeboten werden kann. Nur wenn diese Emotionen gehört und bearbeitet werden, können Veränderungen erfolgreich sein.
2. Entwickeln Sie Partizipationsformate, in denen die Mitarbeitenden ihr Feedback und ihre Anregungen zum Change einbringen können. Dieser Resonanzboden macht die Führungskräfte zu Beteiligten und hilft ihnen, ihr Feedback an das Topmanagement zu übermitteln.
3. Unterstützen Sie die Führungskräfte mit gut aufbereiteten Materialien, Tools und Geschichten: Das sind in erster Linie die Ziele der Veränderung, die aus dem Topmanagement kommen. Das kann in Form einer Change-Story sein, die allen als Anker dient, aus der Vision abgeleitete Meilensteine oder transparent aufbereitete Prozessschritte, damit die Mitarbeitenden sich immer wieder neu verorten und Orientierung finden. Auch die Sicherheit im Umgang mit virtuellen Formaten, Präsentationsformen und -formaten ist etwas, das die IK in ihrer Beratungsbox haben sollte.
4. Sensibilisieren Sie die Führungskräfte dafür, Potenziale zu heben. Hier sind traditionell die Kolleg*innen von HR involviert, wenn es um konkrete Weiterbildungsangebote für Mitarbeitende geht. Aber wie man mit den Teammitgliedern kommuniziert, um vertrauensvoll über Entwicklungspotenziale in den Austausch zu kommen, das weiß die IK. Sie kann und sollte mit den Führungskräften in Workshops entsprechende Gesprächssituationen trainieren.
5. Fördern Sie einen gemeinsamen Raum zum Austausch der Führungskräfte untereinander. In turbulenten Zeiten ist es gut zu wissen, dass man nicht allein ist in seinen diversen Rollen. Überlegen Sie, wie Sie entsprechende Netzwerke aufbauen, Gesprächsformate entwickeln, anbieten und moderieren können.

Viele Aufgaben, große Verantwortung. Aber niemand muss alles auf einmal können und umsetzen. Am besten schnüren Sie überschaubare Arbeitspakete, damit erste Erfolge schnell sichtbar werden – auch Führungskräfte brauchen selbstverständlich hin und wieder Orientierung, um sich erneuern zu können und in neuen Rollen wohlzufühlen.

10 Die Zukunft hat gerade erst begonnen: Gesellschaftliche Trends und ihre Bedeutung für die (Interne) Kommunikation

Ein Beispiel aus der Praxis

*Voller Energie macht sich Claudia M. auf den Heimweg von einem der größten Branchenkongresse. Als Vorständin für Personal, Recht und Kommunikation eines international tätigen Konsumgüterunternehmens war sie seit Jahren immer wieder für Vorträge zum Thema Unternehmenskultur angefragt worden. Meist blieb wenig Zeit, auch den Redner*innen vor oder nach ihr zuzuhören. Dieses Mal aber hatten die Themen sie so sehr angesprochen, dass sie den ganzen Tag vor Ort geblieben war. Die Themen des Kongresses reichten von Best-Practice-Vorstellungen aus dem New-Work-Umfeld bis hin zu Purpose-Entwicklungen und (digitalen) Wissens-, Coaching- und Weiterbildungsmöglichkeiten. Auch ein buddhistischer Mönch hatte gesprochen – als Trainer war er intensiv in Phasen von Einführung und Umsetzung sogenannter Achtsamkeitsprogramme in Unternehmen unterwegs.*

Was für eine Bandbreite an Themen! M. schwirrt der Kopf, als der Zug sie zurück in die Heimat bringt. Wie sollte sie all diese Themen in ihren Verantwortungsbereich überführen?

*Bereits im Taxi stellt sie ihrem HR-Leiter und den Kolleg*innen der Unternehmenskommunikation einen gemeinsamen Termin ein. Zusammen würden sie sich anschauen müssen, was diese Trends für ihr Unternehmen bedeuteten. Ja, natürlich, ein wenig Vorarbeit war schon geleistet, aber ganzheitlich hatten sie sich der Themen nicht angenommen. M.s Eindruck war nun aber, dass ein wirkliches Konzept für all diese Felder*

A. Montua, *Führungsaufgabe Interne Kommunikation*,
https://doi.org/10.1007/978-3-658-41715-4_10

*entstehen müsste. Mindestens ebenso wichtig aber war es ihr zu verstehen, woher diese Entwicklungen kamen und was die Ursache war, dass die Themen plötzlich so bedeutsam wurden. Gab es vielleicht sogar einen Zusammenhang zwischen all diesen scheinbar so unabhängig voneinander existierenden Bereichen? Und welche Themen warteten vielleicht schon in Pipelines, die sie jetzt noch gar nicht im Blick hatten? M. entschied sich, in dieses Feld ein wenig tiefer einzusteigen, um Hintergründe und Entwicklungsströme besser nachvollziehen zu können. Auch eine*n Trendforscher*in würde sie kontaktieren, um sich den Themen noch mal aus anderer Perspektive zu nähern.*

Megatrends sind aktuell die wichtigsten Treiber des Wandels. Sie entwickeln sich langsam und durchdringen alle Ebenen der Gesellschaft und des Berufslebens. Dort entfalten sie ihre Wirkung auf Individuen und Organisationen gleichermaßen. Aufgrund ihres hohen Einflusses auf Menschen, Gesellschaft und Organisationen sind sie schon seit einigen Jahren fest im Aufgabenbereich der IK verankert.

Das Zukunftsinstitut schreibt den Megatrends vier zentrale Merkmale zu (Quelle Zukunftsinstitut „Tiefenströmungen des Wandels", https://www.zukunftsinstitut.de/dossier/megatrends/#definition):

Dauer	Megatrends haben eine Dauer von mehreren Jahrzehnten.
Ubiquität	Megatrends zeigen Auswirkungen in allen gesellschaftlichen Bereichen, in der Ökonomie, im Konsum, im Wertewandel, im Zusammenleben der Menschen, in den Medien, im politischen System etc.
Globalität	Megatrends sind globale Phänomene. Auch wenn sie nicht überall gleichzeitig und gleich stark ausgeprägt sind, so lassen sie sich doch früher oder später überall auf der Welt beobachten.
Komplexität	Megatrends sind vielschichtige und mehrdimensionale Trends. Sie erzeugen ihre Dynamik und ihren evolutionären Druck auch und gerade durch ihre Wechselwirkungen.

Die Megatrends im Überblick

Das Zukunftsinstitut beschreibt zwölf Megatrends:

- Gender Shift
- Gesundheit
- Globalisierung
- Konnektivität
- Individualisierung
- Mobilität
- Sicherheit
- New Work
- Neo-Ökologie
- Wissenskultur
- Silver Society
- Urbanisierung

Bringen wir Megatrends in Zusammenhang mit innerbetrieblichen Veränderungen, so lässt sich erkennen, dass diese großen Einfluss auf die Rolle und Arbeit der Internen Kommunikation haben. Aber nicht nur hier. Auch in HR-, IT-, Einkaufsabteilungen und in der Organisationsentwicklung werden Megatrends berücksichtigt.

Wir möchten an dieser Stelle sechs dieser Trends auswählen und ihre Auswirkungen auf die IK vorstellen.

10.1 Megatrend „Konnektivität"

Die Digitalisierung ist in vollem Gange und Informationen sind immer und überall verfügbar. Die Entwicklung eröffnet Individuen und Unternehmen zahlreiche Perspektiven, die zumeist als vorteilhaft empfunden werden. Gleichzeitig bringt sie Veränderungen im Miteinander und neue Kommunikationsmöglichkeiten mit sich.

Die Nutzung digitaler Medien und die verlässliche Verfügbarkeit von Informationen ist für uns selbstverständlich. Dennoch: Unser Tag hat noch immer nur 24 h à 60 min zu bieten. Diese unveränderliche Zeitressource gilt es also so sinnvoll und nutzbringend wie möglich einzusetzen.

Bedeutung für die Interne Kommunikation: Konnektivität braucht Achtsamkeit

Diese gesellschaftlichen Entwicklungen im Hinterkopf habend, darf die IK entsprechende Ableitungen treffen: Menschen bewegen sich mehr und mehr, viele von ihnen hauptsächlich online. Sie lesen und schreiben netzgestützt und tauschen sich online aus. Video- und Audio-Angebote „on demand" werden als selbstverständlich vorausgesetzt. Und je jünger die Kolleg*innen sind, desto selbstverständlicher sind diese Angebote für sie.

Ein mehr schlecht als recht genutztes Intranet ohne Suchfunktion wird kaum akzeptiert. Hingegen steht ein kollaboratives Intranet, gern flankiert von einer App zur mobilen Nutzung, weit oben auf der Liste der Erwartungen aus dem Kolleg*innenkreis. Abgerundet werden kann dieses Portfolio an Onlinetools der Internen Kommunikation durch einen Blog der Geschäftsleitung, in dem sich CEO oder auch Kolleg*innen aus den obersten Führungsebenen regelmäßig mit strategischen Unternehmensthemen zu Wort melden. Hinzu kommen das eine oder andere Bewegtbild- und Podcast-Format.

Trotz aller Digitalisierung und den Anforderungen und Erwartungen der Gen Z hat auch die Mitarbeitenden-Zeitung nicht ausgedient. Für Blue Collar Worker und alle Menschen, die ihrer Tätigkeit nicht an einem Computer-Arbeitsplatz nachgehen, ist dies noch immer eine gute Lösung für mehr Bindung an und Identifikation mit dem Unternehmen.

Sozusagen als Schwesterntugend der Digitalisierung sehen wir einen deutlichen Anstieg der Achtsamkeit im privaten und beruflichen Miteinander.

Denn unser Arbeitsalltag ist geprägt von Dauererreichbarkeit und Stress. Das Digitale findet keinen Anfang und nimmt kein Ende, Corona hat dies mit der Homeoffice-Arbeit noch verstärkt. Viele befinden sich in einer Art zermürbender Endlosschleife.

Wir selbst müssen das Ende finden und setzen, sprich: achtsam mit uns selbst umgehen, den Moment fokussieren und ihn bewusst erleben, fernab von Multitasking und Überforderung. Wissenschaftliche Studien bestätigen bereits seit vielen Jahren die positive Wirkung von Achtsamkeit und Meditation. Sara Lazar vom Massachusetts General Hospital in

Boston berichtete, dass Achtsamkeitstraining sich sogar in der Struktur des Gehirns niederschlägt (Greenberg J 2019). Hirnscans bei Probanden zeigten, dass es die Amygdala in unserem Gehirn schrumpfen lässt: Sie erinnern sich – eine Region, die an der Auslösung von Angst beteiligt ist. Zugleich hatte die graue Substanz in jenen Bereichen des Denkorgans zugenommen, in denen Mitgefühl seinen cerebralen Ursprung hat. Langfristig führt Achtsamkeit zu emotionaler Stabilität und positivem Denken.

Kommunikationsverantwortliche und Führungskräfte können diesen Effekt auf zwei Ebenen nutzen: für sich selbst und für die Kolleg*innen in den jeweiligen Unternehmen (Feddersen, www.montua-partner.de 2018).

Für uns selbst. Das bedeutet, mit einer persönlichen Form von Selbstfürsorge zu beginnen. Befinde ich mich oft in mich überfordernden Situationen? Kann ich mit mir und anderen aus Gründen von Zeitnot und Druck nicht mehr wirklich achtsam umgehen? In diesem Falle wird es mir schwerfallen, Seismograf*in und Berater*in für andere sein zu können und meine Rolle(n) als Interne*r Kommunikator*in wirklich mit Leben zu füllen. Sorgen Sie an der Stelle erst einmal dafür, selbst wieder stabil und positiv in Ihrem Arbeitsalltag agieren zu können.

Für die Anderen. In Zeiten, in denen wir ein Übermaß an Informationen jederzeit verfügbar haben, erwarten unsere Zielgruppen, dass das Senden reflektiert geschieht – nicht mit der Gießkanne, sondern eher mit der Pipette zur rechten Zeit am rechten Ort. Mit unserer Fähigkeit, effizient zu kommunizieren, und der Hoheit über die entsprechenden Instrumente können und sollten wir daher dafür sorgen, dass sich auch die Kolleg*innen mit Achtsamkeit beschäftigen. Wenn außer uns selbst noch viele andere Firmenangehörige verstehen, dass unsere Arbeit durch einen achtsamen Umgang mit dem eigenen Ich leichter und das Miteinander dadurch angenehmer wird, kann der kollektive Burn-out verhindert werden. Denn es ist tatsächlich möglich, sich engagiert seiner Arbeit zu widmen, ohne die Grenze zur Überforderung zu überschreiten.

Sie werden sehen, dass die Offenheit für das Thema Mindfulness groß ist und nach dem ersten Schritt schnell eine unternehmensweite

Bewegung entstehen kann, die Mindfulness zu einem Teil der Kultur macht.

Sie möchten das Thema im Unternehmen platzieren? Dann empfehlen sich folgende Schritte:

- Fragen Sie sich, wie Ihre eigene Haltung zum Thema Achtsamkeit ist. Es empfiehlt sich, dass Sie erst einmal in Ihrem eigenen Arbeitsalltag verankern sollten, achtsamer mit sich und Ihren Ressourcen umzugehen.
- Stellen Sie sich im Vorfeld Fragen zu den Beweggründen Ihres Unternehmens, sich mit dem Thema Achtsamkeit zu beschäftigen, und beziehen Sie frühzeitig den Personalbereich Ihres Unternehmens mit ein.
- Erstellen Sie ein Konzept, was genau Sie mit welchem Ziel hausintern rund um das Themenfeld Achtsamkeit verändern oder einführen wollen. Berichten Sie dafür auch über Best-Practice-Beispiele anderer Unternehmen.
- Suchen Sie sich ex- und interne Unterstützung bei der Umsetzung. Beginnen Sie mit den Kolleg*innen und Bereichen, die Interesse zeigen, und berichten Sie darüber in Ihren internen Medien. Und schauen Sie, dass Sie Budget erhalten, um mit einem Spezialisten oder einer Spezialistin für Achtsamkeit und/oder Meditation Workshops oder Gesprächsrunden anbieten zu können.
- Evaluieren Sie regelmäßig, ob die Angebote für Ihre Zielgruppen noch die richtigen sind und an welchen Stellen Änderungen oder Ergänzungen benötigt werden.

10.2 Megatrend „Individualisierung“

Neben der Digitalisierung ist der Trend zur Individualisierung seit einigen Jahren eine der größten Entwicklungstendenzen in Wohlstandsgesellschaften. Menschen entscheiden sich für ihre persönliche Art zu leben, Familien zu gründen und wieder aufzulösen, ihren Beruf zu erlernen und auszuüben, sich (weiter) zu bilden. Damit ist keinesfalls der Wegfall des Gemeinsamen gemeint. Vielmehr wird das Verhältnis von Ich und Wir neu ausgehandelt und die Gemeinschaften neu definiert. Das Ich steht dabei im Kontext von Beziehungen.

Im Kern bedeutet Individualisierung die Freiheit der Wahl. Diversität im Miteinander, Denken und Fühlen werden zu neuen Erfolgsfaktoren für Unternehmen hinsichtlich Resilienz und Innovationsfähigkeit.

Bedeutung für die Interne Kommunikation: Individualisierung braucht Wir-Gefühl

Für die Interne Kommunikation bedeutet dies, eine Individualisierung von Inhalten und Instrumenten zu bedenken und sie im Fokus zu haben. Zielgruppengerechte Maßnahmen zu planen und umzusetzen, aber auch in der visuellen Gestaltung und gezielten Ansprache durch Führungskräfte die Individualisierung zu berücksichtigen: Das alles hilft dabei, Mitarbeitende mit unseren Botschaften wirklich zu erreichen.

Als Weiterentwicklung der Individualisierung erleben wir zudem den Trend hin zur sogenannten Wir-Kultur: Gemeinschaft und Geselligkeit mit Freunden, der Familie und mit Kolleg*innen werden (wieder) wichtiger. Positive Erlebnisse, zusammen verbrachte Zeit, Gespräche, das gemeinsame Herstellen von Produkten gehören darin zum neuen Alltag. Die Sehnsucht nach Individualität bleibt erhalten, begründet sich aber künftig nicht mehr in einer materiellen Abgrenzung, sondern darin, mit wem wir zusammen sind, wer die Peer-Group ist.

Ebenso wächst in uns das Bedürfnis, mit der zunehmenden Komplexität des (digitalen) Lebens souverän umgehen zu können. Dafür braucht es den Austausch mit anderen Menschen, um aus ihm heraus sinnvolle und passende Entscheidungen zu treffen. Wir wollen und müssen uns austauschen, um anschließend über Neues nachdenken zu können. So entstehen Vergemeinschaftungsprozesse.

Beziehungen, die uns Motivation und Halt geben, finden wir mehr denn je in sozialen Strukturen. Diese Gefüge erinnern an Stämme bzw. Tribes, in denen wir uns, umgeben von einer hochkomplexen Welt, neu und sinnvoll organisieren. Diese gemeinsamen Mikrogesellschaften sorgen für Verbindung, Vertrauen und Geborgenheit. Dank technologischer Entwicklungen tauchen mehr und mehr neue Formen von Gemeinschaft, Kollaboration und Kooperation auf.

Einer Definition von Sinn, dem sogenannten Purpose, und auch der Formulierung von Leitbildern kommt deshalb verstärkte Bedeutung zu. Menschen wollen sich als selbstwirksam in Resonanz zu anderen empfinden. Hierbei verleiht ihnen eine gemeinsame Purpose-Diskussion Halt und Orientierung. Sie ermöglicht, am gleichen Strang zu ziehen, für etwas Gemeinsames Zeit und Energie aufzuwenden.

Und: Wollen wir uns mit der Zukunft beschäftigen, ist der Blick auf eigene „blinde Flecken" von großer Bedeutung. Nur wenn wir sie kennen und an bzw. mit ihnen arbeiten, sind wir in der Lage, Neues in unserem privaten und beruflichen Leben wirklich willkommen zu heißen. Der Trend zu Themen wie Selbstentwicklung, Coaching und Feedback-Prozesse in Unternehmen wird deshalb in den kommenden Monaten und Jahren weiter wachsen.

Da jede Organisation ein soziales und damit auch ein emotionales System ist, werden wir uns zunehmend emotionalen Themen im Unternehmensumfeld widmen (müssen). Keine Zukunft ist vorstellbar, zu der wir nicht ebenfalls eine emotionale Verbindung aufbauen können. Diese Verbindung muss auch in hybrider Arbeitsform verlässlich vorhanden sein.

Umkehrschluss: Wenn ich keinen emotional kompetenten Umgang mit mir und dem Team habe, habe ich auch keinen kompetenten Umgang mit der Zukunft. Jeder, der Entscheidungen trifft, hat eine Erwartung, die immer emotional aufgeladen ist. Also sollten wir uns um unsere und die Emotionen unserer Mitmenschen kümmern.

Bislang bedienen sich Unternehmen dazu vorrangig positiver Emotionen wie Hoffnung, Freude und Stolz. Angst, Leid und Scham hingegen finden meist keine Beachtung, werden eher hinter vorgehaltener Hand besprochen, sofern sie überhaupt aufgegriffen werden. Wollen wir Ganzheitlichkeit Einzug halten lassen in den unternehmerischen Kontext und auch in die Interne Kommunikation, dann ist es an der Zeit, Emotionen aller Art Raum zu geben und Mitarbeitenden einen (individuellen und gemeinsamen) Umgang mit ihnen zu ermöglichen.

Sie möchten sich mit diesem zweiten Trend intensiv beschäftigen und entscheiden, welche Veränderungen er in Ihrer Internen Kommunikation nach sich ziehen sollte? Dann stellen Sie sich und auch

Ihren Kolleg*innen im Kommunikations-, Personal- und Strategiebereich Fragen wie:

- Wie können wir den Trend zur Individualisierung und den zur Wir-Kultur in unserer IK-Strategie und auch in unserem Tool-Baukasten bedenken?
- Haben wir intern bereits eine Purpose- und Leitbild-Diskussion mit Blick auf die derzeitigen Marktveränderungen geführt? Falls nicht: Wer kann uns unterstützen und welche Schritte sollten wir gehen? Falls ja: Haben wir das Thema bereits genug im Alltag verankert?
- Wie können wir die Themen Selbstentwicklung und Umgang mit Emotionen in unserer Internen Kommunikation zum Thema machen?

10.3 Megatrend „Entwicklungen in der Arbeitnehmer*innenstruktur“

Ein Trend, der für unser Arbeits- und Kommunikationsmiteinander in den Unternehmen von großer Bedeutung ist und auch bleiben wird, ist die Verlagerung der Weltwirtschaft hinein in die Entwicklungs- und Schwellenländer. Darin liegen Chance und Herausforderung zugleich: Wachsender wirtschaftlicher Druck, die Notwendigkeit einer schnellen und teilweise disruptiven Veränderung, aber auch neue Prozess- und Produktionsnotwendigkeiten werden den kommunikativen Aufwand für die Unternehmen weiter erhöhen. Hinzu kommen sprachliche und kulturelle Herausforderungen sowie die Verschiebung von Bildungs- und Forschungsschwerpunkten.

Bereits heute sind die Belegschaften heterogen, arbeiten an diversen Standorten, in den Werken der Unternehmen oder von zu Hause – eine deutlich komplexere Art der Kommunikation inklusive. Nimmt die Verlagerung von Tätigkeiten und ganzen Unternehmensbereichen in andere Regionen künftig weiter zu, wird die Bereitstellung gemeinsamer digitaler Wissens- und Arbeitsplattformen an Bedeutung gewinnen: Niemanden auszuschließen und Kollaboration aus einem strategischen

Guss zu gewährleisten wird zur großen Herausforderung. Der digitale Arbeitsplatz ist deshalb eine der zentralen Säulen künftiger Veränderungsprozesse und stellt die logische Weiterentwicklung des klassischen Social Intranets dar. Im Alltag zielt er nicht allein auf den hierarchiefreien Austausch der Mitarbeitenden ab, sondern vielmehr auf deren effektive Zusammenarbeit – durch die Bereitstellung sämtlicher dafür benötigter Werkzeuge.

Bedeutung für die Interne Kommunikation

*Mitarbeiter*innenbedürfnisse im Blick haben* Nicht nur die Unternehmenskommunikation sollte sich darüber klar sein: Die Produktivität eines Betriebs steht und fällt stets mit Information, Motivation und Engagement der Mitarbeitenden. Ein Großteil dieser Menschen wird bereits heute von den Digital Natives gestellt, deren Bedürfnisse eng an den digitalen Fortschritt gekoppelt sind. Daraus ergibt sich die Notwendigkeit, den Ansprüchen dieser Kolleg*innen auch am Arbeitsplatz gerecht zu werden – mit modernsten, (sozial) vernetzten und mobilen Tools, die allen Kolleg*innen selbstbestimmt orts- und hierarchieunabhängig Zugang zu den relevanten Unternehmens- und Kommunikationsprozessen garantieren.

Wichtig dabei: Ohne Plan verfehlt auch der Digital Workplace sein Ziel. Die Bedürfnisabfrage bei den unterschiedlichen Unternehmenszielgruppen sowie die Definition von verschiedenen Anwendungsfällen haben also Priorität bei der Entwicklung einer langfristigen Strategie (s. Kap. 3).

Veränderungen auch als Veränderungen begreifen Auch wenn es oberflächlich betrachtet um Technologien geht: Der Digital Workplace ist ein Tool von und vor allem für Menschen – und soll deren berufliches Miteinander verbessern. Von Bedeutung ist deshalb zu schauen, von welchen Tools und Formen der Kollaboration Ihre Mitarbeitenden am meisten profitieren, und diese dann – kommunikativ begleitet – einzuführen. Sobald die daraus entwickelten Pilotprojekte sichtbaren Erfolg erzielen, motivieren sie die Belegschaft zu weiteren Anwendungen.

Unabdingbar sind hier auch unternehmensinterne Influencer*innen bzw. Multiplikator*innen, die die Begeisterung für das neue Tool in die breite Belegschaft tragen. Hilfreich sind zudem interne Medien wie Erklärvideos oder Gamification-Lösungen, also die Integration spielerischer Elemente in Anwendungen.

Vermeiden Sie ein Zuviel In so manchem Unternehmen entsteht ein regelrechter Dschungel an digitalen Lösungen, wenn verschiedene Abteilungen auf eigene Insellösungen bauen. Wer diesem Wildwuchs nicht beizeiten Einhalt gebietet, riskiert, dass Mitarbeitende den Überblick verlieren und im Zweifel die klassischen Tools und Formate der Internen Kommunikation beginnen zu umgehen.

Die unternehmensweite Einführung eines Digital Workplace bietet an dieser Stelle die Chance, dem digitalen Chaos ein Ende zu bereiten und mit einer einheitlichen Lösung einen strukturierten Neustart zu schaffen.

Aber Achtung: Wer nach der einen perfekten Lösung sucht, muss zwangsläufig scheitern. Denn ohne Ausprobieren, das auch die Möglichkeit des Stolperns einschließt, geht kein nachhaltig funktionierender digitaler Prozess vonstatten. Entrepreneur*innen-Fähigkeiten sind deshalb künftig mehr denn je auch in den Kommunikationsabteilungen europäischer Unternehmen gefragt.

Neben den in diesem Kapitel separat herausgegriffenen Megatrends werden zahlreiche weitere Strömungen von großer Bedeutung sein für unseren Alltag – die Alterung der Weltbevölkerung, die Integration künstlicher Intelligenz, die weitere Veränderung unserer Arbeitsstrukturen und der Neo-Ökologismus werden zunehmend Einfluss auf unseren Arbeitsalltag nehmen.

Unsere Rolle darf es daher zunehmend sein, diese Trends im Blick zu behalten und immer wieder mit den Entwicklungen im eigenen Unternehmen abzugleichen: Gehen Sie dazu mit der Unternehmensführung in den Austausch, stellen Sie Fragen und sorgen Sie dafür, dass die Themen kommunikativ aufgegriffen, eingeordnet und in ihrer Entwicklung begleitet werden.

10.4 Megatrend „Gender Shift"

Geschlechter-Spezifika verlieren zunehmend an Relevanz, oder positiv ausgedrückt: Menschen in Unternehmen werden zunehmend gleich behandelt – als Menschen, ganz gleich, welchem Geschlecht sie sich zugehörig fühlen. Dieser Megatrend, der sich auch in der Gender-Debatte wiederfindet, wird besonders leidenschaftlich diskutiert. Schreiben wir m/w/d (für männlich, weiblich, divers) in unsere Stellenbeschreibungen? Benötigen wir Waschräume für das dritte Geschlecht? Wie gendern wir und vor allem wie gehen wir mit Mitarbeitenden um, die gendern als nicht passend finden?

Der Trend beinhaltet die veränderten Rollen und Erwartungen von Männern und Frauen in der Gesellschaft und somit auch in Organisationen, denn einige der Erwartungen sind ganz konkret an das eigene Unternehmen gerichtet. Arbeitsplätze sollen jeden ansprechen und inklusiv sein, d. h., es sollen sich alle Menschen, alle Mitarbeitenden willkommen, angesprochen, gesehen und wertgeschätzt fühlen.

Frauen übernehmen immer mehr Führungspositionen und auch in technischen Berufen sind sie mehr und mehr zu Hause. Männer hingegen nutzen Möglichkeiten, ihre Rolle als Vater intensiver zu erleben, und planen mehr Zeit für die Kinderbetreuung in ihren Alltag ein, nutzen die Elternzeit oder arbeiten in Teilzeit. Unternehmen fördern das Besetzen von divers aufgestellten Teams und nutzen gendergerechte Sprache.

Bedeutung für die Interne Kommunikation

Für IK-Expert*innen ist dies ein sehr zentrales Handlungsfeld. Es gilt, unternehmensweit ein Bewusstsein dafür zu schaffen, welche Veränderungen erwartet werden, welche nötig sind und wie diese verständlich kommunikativ begleitet werden können.

Gender-Shift verändert die Art und Weise, wie Unternehmen mit ihren Mitarbeitenden kommunizieren. Sie müssen sicherstellen, dass ihre Botschaften alle Geschlechter einbeziehen und für alle relevant sind. IK-Expert*innen kommt hier eine Schlüsselrolle dabei zu, Unternehmen bei der Erstellung einer geschlechtergerechten Kommunikation zu unterstützen, indem sie eine geschlechtsneutrale Sprache verwenden und geschlechtsspezifische Stereotypen in ihren Botschaften vermeiden.

IK-relevante Aspekte des Gender Shifts sind:

- Verankerung der Diversität in den Unternehmenswerten
- Verankerung der Gleichberechtigung im Unternehmen
- Positivbeispiele publizieren, bspw. in Form von Gendern

Darüber hinaus hat der Gender Shift die Bedeutung der Vereinbarkeit von Beruf und Familie und flexibler Arbeitsregelungen hervorgehoben. Frauen und Männer suchen nach flexibleren Arbeitsregelungen, die es ihnen ermöglichen, Beruf und Familie miteinander zu vereinbaren. Dies hat zu einer stärkeren Betonung von Fernarbeit, Teilzeit und flexiblen Arbeitszeitmodellen geführt.

Ein weiterer wichtiger Aspekt des Geschlechterwandels ist das zunehmende Bewusstsein für die Geschlechtsidentität und den Geschlechtsausdruck. IK'ler*innen müssen sensibel auf die Bedürfnisse von Mitarbeitenden eingehen, die sich als nicht-binär oder transgender bezeichnen, und sicherstellen, dass ihre Kommunikation alle Geschlechter einschließt.

Schließlich hat der Geschlechterwandel deutlich gemacht, dass sich Unternehmen auch mit Themen wie geschlechtsspezifischer Belästigung und Diskriminierung auseinandersetzen müssen. Die IK bekleidet bereits eine Schlüsselrolle bei der Vermittlung der Unternehmenswerte, -richtlinien und -regeln im Umgang mit diesen Themen. Auch die Bereitstellung von Schulungen zur Förderung einer Kultur des Respekts und der Inklusion gehört dazu.

Zusammenfassend lässt sich sagen, dass der Geschlechterwandel ein bedeutender Megatrend ist, der die Art und Weise, wie Unternehmen mit ihren Mitarbeitenden kommunizieren, verändert. Die IK sollte dem Rechnung tragen und Maßnahmen ergreifen, um eine geschlechtergerechte Kommunikation zu schaffen und eine Kultur des Respekts und der Inklusion am Arbeitsplatz zu fördern. Auf diese Weise können sie ihren Unternehmen helfen, in einer zunehmend vielfältigen und sich verändernden Welt erfolgreich zu sein.

10.5 Megatrend „Mentale Gesundheit“

Im Fahrwasser der Corona-Pandemie ist viel Neues und, trotz allem Ungemach, auch Gutes zu uns gekommen – darunter auch die vielen neuen Ansätze im Bereich Mental Health. Für Mitarbeitende boten die vergangenen Jahre immer wieder Auslöser für Ängste: Es begann mit der Corona Pandemie und ihren Auswirkungen auf die Wettbewerbsfähigkeit der Unternehmen und reichte bis hin zum Angriff auf die Ukraine, der auch die Wirtschaft auf den Kopf stellte. Und dann sind da natürlich auch die Herausforderungen, die immer einmal wieder zum Alltag gehören können: anstrengende Phasen, etwa in Change-Prozessen, persönliche Ängste, Überlastung, Burn-out.

Eine der Aufgaben der IK ist es, Mitarbeitende in ihre Kraft zu bringen, sie zu motivieren und eine gute Bindung herzustellen. Glücklich und im positiven Sinne produktiv können Mitarbeitende nur dann sein, wenn keine psychischen oder zwischenmenschlichen Störungen dies verhindern.

Die IK ist immer auch Schnittstelle zwischen Personalabteilung, Geschäftsleitung, Betriebsrat und den Fachbereichen. Diese zentrale Stelle macht sie besonders geeignet, um auch für das vielschichtige Thema Mental Health im Unternehmen Ansprechpartner*in zu sein.

Bedeutung für die Interne Kommunikation

Wir plädieren auch an dieser Stelle einmal mehr für eine genaue Analyse – nur so kann festgestellt werden, wo die Organisation in Bezug auf das Thema Mental Health steht und welche Zielgruppen über welchen Kanal und mit welcher Botschaft optimal erreicht werden können. Es reicht nicht, Einzelmaßnahmen anzubieten, etwa in Form von Angeboten zu betrieblicher Gesundheitsförderung. Ein bisschen Yoga und Meditation und schon ist jede*r wieder in seiner Mitte? Fehlanzeige. Vielmehr sollten Unternehmenskultur, Führungsthemen und die Ist-Situation bei den Mitarbeitenden genau betrachtet werden. Erst dann können sinnvolle Kampagnen aufgesetzt werden, die die Zielgruppe auch erreichen und zu einer Änderung führen können.

Wo können Sie ansetzen, was sind die größten Hebel?

Hebel 1: Die Unternehmenskultur Ein achtsamer Umgang innerhalb der Teams und eine positive Fehlerkultur tragen schon viel dazu bei, das Wohlbefinden jedes oder jeder Einzelnen zu erhöhen. Ihre Mitarbeitenden müssen überzeugt sein, mit Ihrer Organisation und der Führungskraft eine*n verlässliche*n Partner*in für ihren beruflichen Weg gefunden zu haben. Sich einbringen können, gehört werden und Selbstwirksamkeit zu erfahren hilft dabei, ein gutes und gesundes Arbeitsklima zu etablieren. Besseres Befinden und bessere Ergebnisse werden die Folge sein. Wir empfehlen:

- Achten Sie auf ein sinnvolles Konfliktmanagement. Konflikte werden nicht von jedem Menschen gleichermaßen wahrgenommen und angesprochen. Sind Streitigkeiten ungelöst, wirken sie sich auf Körper und Seele aus. Das hat Konsequenzen nicht nur für die betroffene Person, sondern auch das Team und das Unternehmen. Eine Lose-lose-Situation, die vermieden werden kann.
- Etablieren Sie konstruktives Feedback. Es wirkt sich positiv auf die Arbeitsergebnisse aus, führt zu mehr Orientierung und verbessert das Arbeitsklima und das Miteinander.

Hebel 2: Vorbild Führungskraft Jeder Mensch orientiert sich an Verhaltensweisen, die als erstrebenswert gelten, und ist ablehnend gegenüber denen, die eher als Schwächen ausgelegt werden. Für Mitarbeitende sind ihre Führungskräfte deshalb tagtägliche Vorbilder. Sie geben Impulse und Orientierung, sind Sparringspartner*innen, Taktgebende und haben einen wichtigen Einfluss auf die Stimmung im Team. Wir empfehlen:

- Wechseln Sie die Perspektive: Was brauchen Ihre Führungskräfte, um gute Vorbilder zu sein oder zu werden? Was fehlt ihnen dazu? Fragen Sie nach.
- Bieten Sie Sparring und Coaching zu den gewünschten Bereichen und Skills an. Fachliche Qualifikationen allein reichen nicht mehr, um eine gute Führungskraft zu sein.
- Betrachten Sie Ihr Mindset. Lebt die Führungskraft eine gute Work-Life-Balance vor, sind Mitarbeitende schneller geneigt, dem Beispiel zu folgen.

Hebel 3: Mitarbeitende befähigen Besonders nach den turbulenten Corona-Jahren fehlen vielen Teams Rituale wie etwa der gemeinsame Morgen-Kaffee oder die Mittagspause mit den Kolleg*innen. Hinzu kommen die Einsamkeit oder auch die familiären Turbulenzen im Homeoffice. Wir empfehlen:

- Die Tendenz zum Durcharbeiten ist hoch. Kontrollieren Sie, ob die Mitarbeitenden ihre Pausen- und Feierabendzeiten auch einhalten.
- Schaffen Sie ein Bewusstsein für das Recht auf Nicht-Erreichbarkeit.
- Fördern Sie soziale Kontakte und Teambuilding. Diese gehen im Homeoffice leicht verloren. Animieren Sie die Teams, 5 min vor einem Meeting den virtuellen Meetingraum zu betreten und sich auszutauschen.
- Erfragen Sie die räumlichen und sozialen Umstände Ihrer Mitarbeitenden. Nicht jede*r kann gleich gut von zu Hause arbeiten.

Tools & Hilfsmittel Es gibt eine Reihe einfach zu nutzender technischer Tools, die Mental Health & Wellbeing unterstützen. Prüfen Sie, was für Ihr Unternehmen geeignet sein kann. Vielleicht ist es gar kein großes Angebot, sondern ein kleiner Tipp. So kann etwa die Screen-Time-Funktion bei Apple helfen, einen Überblick über die eigenen Gewohnheiten zu erlangen – geschäftlich wie privat. Ist Office 365 im Einsatz, kann Microsoft Viva den Mitarbeitenden Hinweise darauf geben, wie viel Zeit mit welcher Tätigkeit verbracht und ob die Pausenzeit eingehalten wurde. All diese Tools können gut durch externe Mental-Health- & Wellbeing-Angebote ergänzt werden. Ihre IK kann nicht nur viel für den Erfolg des Unternehmens, sondern auch für Gesundheit und Wohlbefinden der Mitarbeitenden tun. Nutzen Sie diese Chance.

10.6 Megatrend 6 „(Neo-Ökologie und die) Interne Nachhaltigkeitskommunikation“

Umweltbewusstsein und Nachhaltigkeit, so beschreibt es das Zukunftsinstitut, avancieren zunehmend vom individuellen Lifestyle- und Konsumtrend zur gesellschaftlichen Bewegung – und zu einem zentralen Wirtschaftsfaktor, der alle unternehmerischen Sphären beeinflusst[1].

Nachhaltigkeit spielt in Unternehmen eine große, eine strategische Rolle. Für viele Organisationen ist damit ein tiefgreifender Wandel verbunden: auf der Ebene des Geschäftsmodells, aber auch im Denken und Handeln. Häufig zeigen sich in Unternehmen ganz unterschiedliche Einstellungen und Meinungen zum Thema Nachhaltigkeit, die Mitarbeitenden und das Management erzählen sich verschiedene Geschichten darüber.

Hier kommt die Interne Kommunikation ins Spiel: Ihr obliegt es, ein gemeinsames Verständnis für das Thema zu schaffen, Wissen aufzubauen und Räume für die interne Diskussion zu öffnen. Sie kann Menschen aktiv einbinden und begeistern, um die Nachhaltigkeitsstrategien auch umzusetzen.

Bedeutung für die Interne Kommunikation

1. **Analysieren Sie Ihre Ausgangslage**

Um die Nachhaltigkeitskommunikation auf ein strategisches Fundament zu stellen, ist es wichtig, sich Klarheit über zwei Fragen zu verschaffen: „Welche Ziele hat sich mein Unternehmen im Bereich Nachhaltigkeit gesetzt?“ und „Wie kann die Interne Kommunikation dazu beitragen, diese zu erreichen?“. Die Antworten auf diese Fragen sind von der Geschäftsleitung und der Kommunikation gemeinsam zu erarbeiten. Nutzen Sie Interviews und Befragungen, wie Sie es auch mit Ihrer Strategie zur Internen Kommunikation getan haben. Sicher hat ein*e Investor*in eine gänzlich andere Sicht auf die Inhalte Ihrer Nachhaltigkeitskommunikation als das Team. Alle Fokusgruppen eint jedoch ein Interesse an einer Kommunikation, die relevante Inhalte ehrlich vermittelt und Phrasen konsequent vermeidet.

---

[1] https://www.zukunftsinstitut.de/dossier/megatrend-neo-oekologie/

2. **Setzen Sie sich Ziele**
Wie bei allen Vorgängen setzen Sie auch hier Ihre (SMARTen) Ziele oder definieren OKRs. Sind diese sehr ambitioniert und zu weit in der Zukunft, behelfen Sie sich mit Meilensteinen. Das Erreichen Ihrer CO_2-Neutralität ist kurzfristig nicht zu erreichen? Legen Sie eine Roadmap fest und feiern (und kommunizieren) Sie die Etappen. Verteilen Sie die Ziele auf alle Bereiche Ihres Unternehmens. Dazu dürfen Gebäude und Mobilität ebenso gehören, wie Produktion und Incentives. Verankern Sie auch soziale Ziele, die sie erreichen möchten. Bestimmt haben Ihre Mitarbeitenden hier jede Menge guter Vorschläge.

3. **Erzählen Sie Geschichten**
Nutzen Sie Storytelling, um Ihren Fokusgruppen den eingeschlagenen Weg zu einem besseren Produkt, einer erfolgreicheren Lösung, einem anderen Ziel zu erläutern. Nachhaltigkeitskommunikation ist ein Weg, der Sie dauerhaft begleiten wird. Sie sind in Ihrer CO_2-Bilanz noch nicht so weit, wie Sie es gehofft hatten? Reden Sie darüber. Bedenken Sie: Auch eine schwarze CO_2-Null ist nicht das Ende Ihres Weges, sondern ein Meilenstein auf dem Weg zu größtmöglicher Nachhaltigkeit. Erzählen Sie die Geschichte Ihres „Helden" oder Ihrer „Heldin", seiner oder ihrer Pläne, Träume und Vorhaben. Beschreiben Sie auch Rückschläge und Irrtümer. Wir kennen keine Held*innen, die sich nicht auch mal geirrt hätten. Sie vielleicht?

4. **Bleiben Sie ehrlich und authentisch**
Der neue Lack für Ihr Produkt beinhaltet Stoffe, die mit Blick auf Ihre Nachhaltigkeitsziele erklärungsbedürftig sind? Sagen Sie, warum es so ist. Beschönigen Sie nicht. Greenwashing rangiert in der Wahrnehmung der Öffentlichkeit auf einem Level mit Lug und Trug und wird einen beträchtlichen Image-Schaden nach sich ziehen. Beschreiben Sie Ihre (grünen) Ziele und kündigen Sie an, wie sie diese bis wann zu erreichen gedenken. Ein Rückschlag ist verzeihlich, wenn er ehrlich kommuniziert wird und die grundsätzliche Haltung glaubwürdig und klar erkennbar ist.

Meine letzte Empfehlung in diesem Buch: Behalten Sie die Megatrends gut im Auge. Nicht jeder Trend ist für jedes Unternehmen relevant. In Summe jedoch verändern diese Trends die Gesellschaft als Ganzes und nehmen so Einfluss auf das Leben jeder einzelnen Person – und damit auch auf Ihre Organisation.

Erinnern Sie sich an unser Zitat am Anfang des Buches von Prof. em. Gerald Hüther, der sagte: „Wir sind zutiefst soziale Wesen und brauchen die verlässliche Gemeinschaft mit anderen, um die in uns angelegten Potenziale entfalten zu können“? Den Schlüssel zu dieser verlässlichen Gemeinschaft hält die Interne Kommunikation in Unternehmen in den Händen. Ich bin sicher, Sie machen das Allerbeste daraus.

Begriffsdefinitionen

Gerade wir Kommunikationskolleg*innen dürfen im Alltag auf Begriffshygiene achten. Viele Begriffe, die wir im Alltag verwenden, kommen aus dem Englischen und sind in ihrer Definition nicht immer ganz eindeutig. Scheuen Sie sich nicht, den einen oder anderen Begriff auch im Deutschen zu verwenden. Sie werden sehen: Es schadet der Verständigung überhaupt nicht.

DEI – Diversity, Equity & Inclusion (Diversität, Gleichstellung und Inklusion).

Diversity beschreibt die Vielfalt der Menschen in einem Unternehmen oder Team. Dazu gehören Alter und Herkunft, ethnische Zugehörigkeit, Religion, Geschlecht, sexuelle Orientierung. Auch Menschen mit und ohne Behinderung gehören dazu.

Gleichstellung bezeichnet die formale und rechtliche Gleichbehandlung aller Mitarbeiterinnen und Mitarbeiter. Ziel ist es, allen tatsächlich die gleichen Chancen zu bieten. Es geht darum, dass jeder Einzelne Chancen und Entwicklungsmöglichkeiten wahrnehmen kann. Im Gegensatz zur Gleichbehandlung (Equality) werden nicht alle gleich behandelt, sondern es wird auf die individuellen Bedürfnisse eingegangen, um eine wirklich passgenaue Förderung zu gewährleisten.

A. Montua, *Führungsaufgabe Interne Kommunikation*,
https://doi.org/10.1007/978-3-658-41715-4

Ziel der Inklusion ist es, dass sich alle Mitarbeiterinnen und Mitarbeiter zugehörig und wertgeschätzt fühlen – mit all ihren individuellen Eigenschaften.

Empathische Führung

Ein Führungsstil wird als empathisch bezeichnet, wenn er die Mitarbeitenden und ihre Bedürfnisse in den Mittelpunkt stellt. Er setzt auf Dialog, Verständnis und Menschlichkeit, ohne die wirtschaftlichen Aspekte des Unternehmens aus den Augen zu verlieren.

Homeoffice

Hier wird von zu Hause aus gearbeitet (Homeoffice). In der Regel haben die Mitarbeitenden sowohl einen Arbeitsplatz im Unternehmen als auch die Erlaubnis, teilweise oder jederzeit von zu Hause aus zu arbeiten.

Hybrides Arbeiten

Arbeitet ein Team hybrid, befindet sich ein Teil der Mitarbeitenden im Büro und ein anderer Teil an einem Remote-Arbeitsplatz. Dieser kann sich im Homeoffice, in einem Co-Working-Space oder an einem anderen Ort befinden.

Hybride Führung

Unter hybrider Führung versteht man die gleichzeitige Führung vor Ort und aus der Ferne. Im Arbeitsalltag befinden sich in der Regel einige Mitarbeitende im Büro, andere im Homeoffice oder anderswo. Führungskräfte sollten immer alle Mitarbeitenden im Blick haben und die Balance zwischen physischer und digitaler Präsenz halten. Es ist ihre Aufgabe, analoge und digitale Arbeitswelten für alle Arbeitsprozesse zusammenzubringen, zum Beispiel für Brainstormings, Workshops oder Meetings.

New Normal

Eine neue Normalität bezeichnet einen Zustand, in dem sich eine Wirtschaft, Gesellschaft oder Gemeinschaft nach einer Krise befindet. Er ist nicht identisch mit dem Zustand vor der Krise und überführt auch nicht den Krisenmodus in einen neuen Zustand. Mit diesem Begriff werden häufig Formen der Zusammenarbeit beschrieben, die ihre Anfänge in der Corona-Pandemie haben.

New Work

New Work steht für ein neues Verständnis von Arbeit und Arbeitsformen. Menschen, so die in den 1970er-Jahren von Fritzjof Bergmann entwickelte Idee, sollen erkennen, was sie wirklich wollen, und ihr Leben und ihre Arbeit danach ausrichten. Relevant sind Werte wie Autonomie, Freiheit und Teilhabe an der Gemeinschaft.

Remote Leadership

Der Begriff steht für Führung auf Distanz. Virtuelle Teams werden durch virtuelle Zusammenarbeit von einem beliebigen Ort aus geführt, z. B. von einem anderen Standort des Unternehmens oder von zu Hause aus.

Remote Work

Sie unterscheidet sich von der Arbeit im Homeoffice dadurch, dass sie an jedem beliebigen Ort stattfinden kann. Voraussetzung: Alle Arbeiten müssen vollständig digital erledigt werden können.

Virtuelle Teams

Virtuelle Teams können aus unternehmensinternen und -externen Personen bestehen, die gemeinsam an einem Projekt arbeiten. In der Regel befinden sich die Mitarbeitenden nicht am gleichen Ort, oft sogar in unterschiedlichen Zeitzonen. Der Austausch findet ausschließlich digital statt.

VUCA

Das Akronym steht für die vier großen Herausforderungen der Geschäftswelt.

Volatility: die Unbeständigkeit und Schnelllebigkeit der digitalisierten Welt.

Uncertainty („Unsicherheit"): die Unvorhersehbarkeit von Ereignissen.

Complexity („Komplexität"): die Vielschichtigkeit, die sich aus einer Vielzahl von Einflussfaktoren und Interdependenzen ergibt.

Ambiguity („Mehrdeutigkeit"): Das Bedürfnis nach Orientierung steigt. Das Bedürfnis nach einem „Reason Why" steigt.

Schlussbetrachtung

Nun sind Sie also am Ende des Buches angekommen. Wie geht es Ihnen mit dem Gelesenen? Teilen Sie die in den Kapiteln beschriebenen Erfahrungen? Gab es neue Erkenntnisse, Impulse, Zusammenhänge, die Sie künftig in Ihre Arbeit als Führungskraft oder Kommunikator integrieren können?

Vielleicht fragen Sie sich noch, was all diese Trendentwicklungen für Sie und Ihren eigenen Alltag bedeuten können. Wie Sie sich selbst gut aufstellen, um fit zu sein für das, was uns im Rahmen der Internen Kommunikation in den kommenden Monaten und Jahren erwarten wird.

Ich glaube, dass uns mehr denn je in den kommenden Jahren Mut und Pragmatismus, aber auch ein offener Geist helfen werden, adäquat auf die Veränderungen zu regieren. Interne Kommunikation wird aus meiner Sicht künftig immer weniger ein institutionalisiertes Thema sein. Stattdessen werden Abteilungen sowie Kollegen für Interne Kommunikation zunehmend die Rolle der Coaches und Wegbereiter für Führungskräfte und das Top Management übernehmen. Skills heutiger Interner Kommunikateur*innen wie

- Empathie
- Verständnis für die Unterschiedlichkeit der Mitarbeitenden

A. Montua, *Führungsaufgabe Interne Kommunikation*,
https://doi.org/10.1007/978-3-658-41715-4

- Redaktionelles Geschick
- Konzeptionsvermögen
- Wissen um Kommunikationstools und ihre Einsatzmöglichkeiten

werden künftig noch verstärkter auch die Anforderungen an Führungskräfte im Alltag sein. Kommunikateur*innen übernehmen dann mehr und mehr die Rolle, Situationen und Systeme zu moderieren, Kollegen auszubilden sowie Technik auszuwählen und einzusetzen.

Sie tun also ganz sicher gut daran, Trendentwicklungen im Blick zu haben, den eigenen Mut und die Selbstreflektion zu schulen und in einem engen Austausch mit den heutigen und künftigen Zielgruppen zu sein.

Lassen Sie auch gern den Gedanken weiter zu, dass Interne Kommunikation künftig zu einem noch essentielleren Erfolgsfaktor unternehmerischer Prozesse und Projekte werden wird. Ohne sie wird es nahezu unmöglich sein, Veränderungsprozesse, aber auch den immer komplexer werdenden Unternehmensalltag zu meistern. Wir Interne Kommunikatoren dürfen es uns zum Ziel machen, nicht in einer reaktiven Rolle von außen zuzuschauen, sondern selbst Teil der Veränderung und ihrer gewünschten Ergebnisse zu sein.

Wie schon in meinem Vorwort geschrieben, freue ich mich, wenn ich mit Ihnen in den Austausch kommen kann. Ich glaube, dass wir die künftigen Herausforderungen nur meistern können, wenn wir von- und aneinander lernen - dazu möchte ich uns einladen. Schreiben Sie mir oder lassen Sie uns auf Tagungen und Kongressen miteinander sprechen.

Literatur

Beckhard R (1977) Organizational transitions: Managing complex Change. Addison-Wesley, Reading

Feddersen K (18. Sept. 2018) www.montua-partner.de. Von Rollen in der IK: https://montua-partner.de/selbstbewusstsein-internen-kommunikation/. Zugegriffen: 31. Okt. 2019

Feddersen K (2018) www.montua-partner.de. Von Blog zum Thema Agilität. Zugegriffen: 31. Okt. 2019

Feddersen K (23. Aug. 2018) www.montua-partner.de. https://montua-partner.de/kolumne-frieden-mit-flurfunk/. Zugegriffen: 31. Okt. 2019

Feddersen K (14. Juni 2018) www.montua-partner.de. https://montua-partner.de/achtsamkeit-macht-sinn/. Zugegriffen: 31. Okt. 2019

Feddersen K (20. Febr. 2018) www.montua-partner.de. https://montua-partner.de/digital-workplace-so-funktionierts/. Zugegriffen: 31. Okt. 2019

Feddersen K (20. März 2019) www.pressesprecher.com. https://www.pressesprecher.com/nachrichten/mit-coaching-die-interne-kommunikation-meistern-422188017. Zugegriffen: 31. Okt. 2019

Franck G (1998) Ökonomie der Aufmerksamkeit: Ein Entwurf. Hanser, Munich

Gatterer H (2. Apr. 2019) (A. Montua, Interviewer)

Gewaltfreie Kommunikation. Was ist ein Bedürfnis? https://www.gewaltfrei-online.de/gewaltfreie-kommunikation/beduerfnisse. Zugegriffen: 25. Nov. 2019

A. Montua, *Führungsaufgabe Interne Kommunikation*,
https://doi.org/10.1007/978-3-658-41715-4

Grawe K (2000) Psychologische Therapie. Hogrefe, Göttingen

Greenberg JRV-F (2019) Reduced interference in working memory following mindfulness training is associated with increases in hippocampal volume. Brain Imaging Behav 13(2):366–376

Hinsen U (2009) Führungskommunikation: Dialoge, Kommunikation im Wandel. scm prismus Kommunikation, Berlin, S 111 ff.

Kastner S (16. Okt. 2018) www.zeit.de. https://www.zeit.de/digital/internet/2018-10/sabine-kastner-psychologie-aufmerksamkeit-konzentration-smartphone-gehirn. Zugegriffen: 31. Okt. 2019

Kotter J (2011) Leading Change. Vahlen, München

Kröger K (2017) Jedem Change seine Story. FutureKomm

Kröger K (24. Jan. 2018) www.pressesprecher.com. https://www.pressesprecher.com/nachrichten/die-queen-der-internen-kommunikation-852569510. Zugegriffen: 31. Okt. 2019

Luxx-Profile Von https://www.luxxprofile.com/de. Zugegriffen: 31. Okt. 2019

Montua A (2015) Wenn's ankommen soll. Human Resources Manager

Montua A (2015) Spielen Sie Ihre Rolle, aber bitte authentisch. Beyond

Montua A (28. Nov. 2018) www.pressesprecher.com. Von Kolumne zum Thema „New Work": https://www.pressesprecher.com/nachrichten/new-work-erst-der-sinn-dann-das-vergnuegen-509986144. Zugegriffen: 31. Okt. 2019

Montua A (08. Apr. 2019) www.dapr.de. https://www.dapr.de/kampagnen-zu-wagen-kann-wunder-bewirken/. Zugegriffen: 31. Okt. 2019

Nink M (2018) Engagement Index. Die neuesten Daten und Erkenntnisse der Gallup-Studie. Redline, München

Parr B (2015) Captivology – the science of capturing people's attention. Harper Collins, Australien

Reinmuth M (08/2006) Dissertation. Vertrauen schaffen durch glaubwürdige Unternehmenskommunikation. Düsseldorf

Simon H (1967) Motivational and emotional controls of cognition. Psychological Review, Quarterly Journal of Economics 74(1):29–39

Streich R (2016) Fit for Leadership. Springer Gabler, Wiesbaden

Thunig C (2018) https://www.karriere.de/interview-mit-reinhard-k-sprenger-ein-unternehmen-das-eine-suchanzeige-aufgeben-muss-hat-schon-verloren/23039518.html. Zugegriffen: 31. Okt. 2019

www.ard-zdf-onlinestudie.de (10. Okt. 2019) http://www.ard-zdf-onlinestudie.de/ardzdf-onlinestudie-2019/. Zugegriffen: 31. Okt. 2019

Printed by Printforce, the Netherlands